财富关系

做财富和生活的平衡者

韩永华 ▼ 著

北京日报出版社

图书在版编目（CIP）数据

财富关系：做财富和生活的平衡者 / 韩永华著 . ——
北京：北京日报出版社，2024.3

ISBN 978-7-5477-4640-0

Ⅰ . ①财… Ⅱ . ①韩… Ⅲ . ①财务管理—通俗读物
Ⅳ . ①TS976.15-49

中国国家版本馆 CIP 数据核字 (2023) 第 119093 号

财富关系：做财富和生活的平衡者

出版发行： 北京日报出版社
地　　址： 北京市东城区东单三条 8-16 号东方广场东配楼四层
邮　　编： 100005
电　　话： 发行部：（010）65255876
　　　　　　总编室：（010）65252135
印　　刷： 香河县宏润印刷有限公司
经　　销： 各地新华书店
版　　次： 2024 年 3 月第 1 版
　　　　　　2024 年 3 月第 1 次印刷
开　　本： 880 毫米 × 1230 毫米　　1/32
印　　张： 6.25
字　　数： 150 千字
定　　价： 88.00 元

自序

　　在追求财富的道路上，我们努力奔跑；为了获得高收入，我们起早贪黑；为了攒足够多的钱，我们节衣缩食。但很少有人知道，财富的累积需要智慧，更需要创新观念。

　　问问自己：

　　你知道如何开启财富智慧吗？

　　你是否一直为金钱所困？如果是，你已经被金钱困住多久了？

　　你比别人都努力，为什么却始终为钱所困？

　　你满身才华，为什么无法兑现为金钱？

　　你拼命工作，为什么总是拿不到成果？

　　究竟是哪里出了问题？

　　是上天不公平，看不见你的付出？

　　是你缺乏发现财富的眼光？

　　还是你缺乏开启财富的智慧？

　　大众创富的时代，赚钱的观念和路子有很多，如果你只顾埋头干活，不及时更新自己的创富观念，还沿用以前的方法，那么你将很难提升自己的财富值。所以，要想成为财富的拥有者，仅靠以往的经验是不够的，还要适应新时代的特点，更新创富思维，打通财富通道。

阅读此书，你就能发现究竟是什么阻碍了你，你又该如何顺势而为，实现轻松富足的幸福人生。

请谨记：

一个人是否富有，关键看他是否有一颗装满知识、修养、智慧的心，因为智者、品德高尚者往往更容易将财富吸引过来。

人生的富有，既不是单纯地拥有金钱和名誉，也不是拥有权力和地位，而是让自己的内心变得充实富足。心灵富有，财富才更容易靠近。

目 录

第一章
"我"是一切的根源

要想改变一切，首先要改变自己

古人云："风月无今古，情怀自浅深。"古今风月无疑都一样，只不过人们的心境各不相同，于是就产生了别样的感觉。事实上，内心安定自在，无论身处什么样的境地，都能悠闲自得；内心烦乱不堪，即使待在山清水秀的好地方，也会觉得痛苦难忍。因为"我"才是一切的根源，一念天堂，一念地狱。我们的生活，很多时候是由自己创造。

《菜根谭》中有这样一则故事：

姜子牙和申公豹一起在昆仑山学艺，学艺期满下山。离开之前，师父分别送给他们一本奇书。

打开后，两人看到了完全不同的场景。姜子牙看到的是祥和秀美的山川景色，申公豹看到的却是烧杀抢掠、横尸遍野、血流成河的场景。

师父感慨万分，告诫两人："心善的人，不管看什么，都觉得是美好的；凶险狡诈之人，无论看什么，都是黑暗。心正，一切都是正的；心邪，所有的都邪。世间的所有都由心创造，无心，自己就会解脱。"

人的喜、怒、哀、乐皆由自己的心决定，心是一切的根源，包括烦恼和快乐。如果不想受到困扰，就要历练自己的心境。遇到问题时，不能一味地向外求，完全可以试着向内找原因。

如果你总是换工作，就要仔细思考一下，是因为每份工作都很差，还是因为你一直都是带着怨恨或恐惧在工作？

如果你总是失恋，就要想想，是因为遇到的人都不好，还是因为你内心少了宽容和理解？

对于一个总是换工作的人来说，不断地换工作，并不能从根本上解决问题；对于一个总是失恋的人来说，反复换恋人，也无法寻得满意的恋情。

不懂经营爱情的人，即使换了很多恋人，也无法收获到甜蜜的爱情。

不懂经营家庭的人，即使离婚、再婚多次，也经营不出美满的婚姻。

不懂学习的老板，绝不会持续地拥有财富，只有拥有使命感的老板，企业才可持续发展。

1. "我"是一切的根源

很多时候，问题出现的根源就在自己的内心。其实，你爱的是你自己，喜欢的亦是你自己，甚至恨的也是你自己。

你的世界，由你自己演绎；你的一切，也都是由你自己创造。你阳光，你的世界就会充满阳光；你拥有爱，你的生活就被爱包围；你快乐，你的周围就会充溢着欢声笑语。如果你每天只知道抱怨、挑剔、指责或怨恨，那你就只能生活在阴郁里。

要想改变这些坏情绪，首先就要改变观念，而学习是自我改变的根本。你觉得某人讨厌时，其实他可能是在帮助你；你觉得某人给你带来了痛苦，很可能是在帮你成长；让你感到怨恨的人，也有可能是你生命中的贵人……这些人是你自己的不同侧面，从某种程度上说，是另一个你自己。反之，你所爱的人，也可能是给你制造痛苦的人；你喜欢的人，也会成为给你带来烦恼的人，因为他们都是你的影子。

2. 只要你变了，一切就都变了

你的心在哪儿，成就就在哪儿。只要你发生了改变，一切都将发生改变。个人的境况会随着自己的内心而发生改变，周遭的环境只是内心的反映。要想让自己的人生顺遂，就要学会反观内心。心随境转，苦不堪言；境随心转，才得自在。

有这样一个故事：

很久以前，一个妇女想要投河自尽，被正在河中划船的船夫救起。

看到狼狈的妇女，船夫问："你年纪不大，有什么想不开的要跳河？"

妇女哭诉道："我结婚才两年，丈夫就抛弃了我，孩子也病死了。丈夫不要我，孩子也离开了我，我活在这世上还有什么意思呢？"

听到妇女的回答，船夫接着问："两年前，你既没丈夫，也没孩子，却过得自由自在。如今的你只不过是被命运之船送到了两年前，你又无忧无虑了。"

听了这话，妇女豁然开朗。

人生的苦乐，多数都是由我们的心态造成的。总是想着快乐的事情，就会变得快乐；总是想着悲伤的事情，就会变得忧郁。心中无尘心自安，改变自己才能改变一切，要想让自己的财富增值，就要做好自己，让一切都变得好起来。

你只能创造你认知之内的财富

任何人都无法创造和承载认知之外的财富，只有不断地突破认知维度，扩大内心空间，才能更快地得到想要的财富，才有地方容纳更多的财富。想要获得更多的财富，却不知道如何创造，就只能是空想。

财富大多藏在我们的认知里，需要我们去主动发现它、认识它。那么，这些财富究竟是什么呢？答案就是：信念、灵感和目标。一旦我们找到它们，就能成功开启内在的创造力。

当然，在我们找到它们后，也要循着一定的顺序，这将有助于促成你创富事业的成功。首先，你要充分相信自己，相信自己的灵感与信念；其次，设定坚定的目标，并结合语言的力量，时刻督促自己，为目标浇水、施肥；最后，就是积极行动。

回忆一下，在你的人生经历中，已经成功地完成的事情是不是都是按照这个顺序进行的？

再回忆一下，没有做成功的事情，是事情做到一半就被自己否定了？还是刚有了想法，直接就被你否定了？

事实证明，财富拥有者的身上都蕴含着一股神奇的力量，这股力量时刻指引着他们不断向前。只要是他们认定的事情，就会做到极致。他们的内心开启了源源不断的智慧与创造力，目标坚定，对自己的能力充满自信。他们用自己的亲身经历告诉我们，自己才是财富的根源与种子。因此，如果想得到更多的财富，就要充实并升华自己的思想与言行。

老子说："知人者智，自知者明。"意思就是，一个人认识别人是一种聪明，认识自己则是一种智慧。你要想获得更多的财富，进入更高的层次，首先就要知道自己现在处于哪个层次。

内求、内省和内悟是打开财富之门的金钥匙。内心绘制一幅梦想财富蓝图，让自己的心活在感恩中，将自己的内在创造潜能无限打开，你的人生很可能就会心想事成、充满奇迹。

1. 内求

在寻找财富的过程中，很多人之所以会迷失，不是因为他们没有梦想和目标，而是因为他们根本就是走错了方向。这些人虽然每天都在忙碌与努力，但却因为搞错了方向，那又如何能收到理想的结果呢？有些人则不求上进，满足于现状，只要有口饭吃就很满足，不想去追求更好的人生及更多的财富。

在某部电影中有这样一个剧情：风吹着火，让人印象深刻。风把火吹得很旺，人们都以为是风让火旺，于是都去追求风，结果非但没有把火吹得更旺，反而把火吹熄了。可见，一味外求——只求"风"，只能适得其反，让自己一败涂地。

财富的智慧，与受教育程度存在很大关系，但并不是绝对关系，只有极少数的人，虽然读书少，却能看透事物本质。归根结底，个人能否获得足够的财富，除了努力、不断地读书和学习外，还需要悟性。从这个意义上来说，能否获得财富，关键在于能否找到那把能让自己提升认知、开启悟性的钥匙。

人生简单，人心却复杂。心中充满善念，在不断的努力下，终会拥有财富；心中被负能量填满，不努力上进，终会一无所获。事实证明，个人拥有的财富，都与心中所想和过去的不断付出有关。

你拥有的一切财富都不是偶然的，你接收到的所有事物及信息，都是以付出为基础的。比如，你给别人传递了善念与正能量，之后这股能量很可能就会以财富的方式回归到你身上；相反，你对这个世界发出负能量，就会接收到更多的负能量。

现实生活中，喜欢抱怨或经常给别人传递负能量的人，多半都不会获得更多的财富，因为人们通常都不喜欢与满是负能量的人交往或交流，财富更不会青睐这类人。

2. 内省

有意识地省察自己的行为表现及内心的想法、欲望、情绪等活动，其实就是在内省。

内省的具体过程，就是将注意力的光芒照耀到内在无意识的黑暗和虚弱之处，使虚幻的思维曝光，继而不断地提高自己对真实心灵的认知，直至越来越接近，认识到自己的内在本质。

认识自己是智慧之始。内省是一个人认识自己的方法，可以让我们看到自己的外在和内在的活动表现。这些活动会暴露在我们的意识之光中，伪恶、虚幻、虚弱不实等思想就不能以隐讳的方式存在，更无法对我们形成控制。不内省，内在隐藏的负能量就会一直悄悄操纵、束缚着我们，无法活出真正的自己，也终将会被财富抛弃。

3. 内悟

内悟，就是自我要求、自我实践、自我觉悟。如果你想吃饭，可以让别人做给你吃；你想要喝茶，可以由别人倒给你喝。但觉悟却需要依赖自己，别人无法帮忙。

在追求财富的过程中，缺少顿悟，很可能会跟金钱擦肩而过。这个"悟"的意思就是：我懂了、我知道了、我想通了、我找到了……所谓"大疑大悟、小疑小悟、不疑不悟"，只有累积很多的"小悟"，才能成就"大悟"。

（1）自我观照，反求诸己。观照自己是否充满妄想，攀缘外境；观照自己能否把持自己；观照自己是否能反求诸己，宽以待人。只要能如此自我观照，就能实现"自我醒悟"。

（2）自我更新，不断净化。只有不断地更新，不断地升华，才能一天一天接近顿悟，因此要想不断地净化，就不能呆板，不能墨守成规，不积非成是。

（3）不执着于表象，不计胜负。要想找到财富的所在，就要不被迷惑、不计胜负，把眼光放大，将目标放长远，找到真正的自己。不要在表象、语言和小事上斤斤计较，不要因为别人的一句话就心里不安，不要因为别人的一个动作就弄得自己不自在，更不要过分计较个人的得失、胜负，或整天都沉溺于成败、得失里……

（4）自我实践，不向外求。就像我不能代替你"吃"一样，我吃饭，你并不能"饱"。所以，"自我实践"是每个追求财富的人都需要重视的课题，要想让财富靠近你，就不能依赖别人，要自我觉悟、自我实践。

成功者与普通者的两种金钱观

现实中，视金钱如粪土的人几乎都不会发大财，即使一时走运暴富，最终也极有可能落个返贫的下场。同时，一个人如果视权力、名誉为粪土，即使因为某种特别的能力被重视，也很难登上高位。

现实中，只要一提到财富，似乎就会给人一种充满铜臭味、懒得提、俗气等先入为主的感觉。其实，财富远比大家想象的更具灵性。

财富具有生生不息的灵性与能量，它的能量并不是来自其购买力，而是在于你的意识与心灵，以及你在它上面倾注的时间和精力。

财富的灵性，在于它储备了劳动的能量。一定数量的财富，承载的劳动越多，储存的能量也就越大。而这样的财富会让人备受珍惜，也会被小心使用，同时财富也会不断地反哺使用者。而一夜暴富或没有经过努力而得到的财富，甚至是一些不义之财、非法所得，因为没有身体力行的劳动赋予，往往都很难停留，最终只能流走。

财富涉及能量的交换，能量越大，财富就越多。而世间充满着能量。如一粒小小的粮食，凝结着雨露、阳光、大地的无限能量，最后再经过农民勤劳的双手得以收获。

同样，面点师用粮食制作成的各种糕点与面包，在送到我们手中之前，也经历了农民收割粮食、司机辛苦运输、磨坊工磨成面粉，再经由面点师的双手将面粉、白砂糖、蜂蜜、芝麻等调和在一起，最终在烤箱中完成升华的过程。我们吃到的每一口面包，都是由无数劳动力与自然能量共同赋予的。这时，我们所购买的已经不是一块面包，而是一种能量。念及于此，当你专注于一块面包，由原来一口咽下改为慢慢咀嚼时，你就能感受到面包背后的自然力与人力的倾注，身心就会得到滋养。

财富承载的这种能量交换及积累过程中带来的获得感、充盈感和幸福感，会不断地带给我们正向的反馈。但很少有人知道他是如何努力的。从小学、初中、高中，再到大学、研究生、博士，无数个日日夜夜的研究，无数病例的积累，大量时间的耕耘，才有今天的成绩与威望。看似躺赚的背后，是常人无法想象的艰辛与持续付出。因此，任何成功的背后，都付出了大量心血和辛劳，饱受了常人无法想象的痛苦、磨难等。

在获得财富的过程中，"付出—获得—再付出—再获得"的正反馈链条一旦消失，没有充分参与能量交换的那些被轻易得到的财富便会不断地排斥它的拥有者，不断刺激拥有者的贪婪和欲望，继而使其走上自毁的道路。比如，那些一夜暴富或得到横财的人，往往会频繁出现在各种高档或享受型的消费场所，一掷千金。

没有经过深厚积淀而生出的财富是没有灵魂的，它就像魔鬼，会张开欲望的大口，择人而噬。

财富的灵性，不仅是辛苦付出时人力、物力的全情倾注，也在于它的流动性。如果你是一位老板，月底发薪水的时候可以想一想：它会流向何方？金钱流向员工的家里，这份薪水就是一个家庭的吃穿用度。这份金钱，给了一个家庭最基本的保障，供养着一家老小，这份财富便有了十足的灵性与正能量。

个人手里的财富是自然之力的全情倾注，是个人的汗水、眼泪，乃至鲜血的累积。认真地和金钱相处，是对财富服务的对象和自然能量的尊重与爱。

在我们知晓了财富的来处和去处之后，就能看到整个自然，看到无数人的辛劳和自己的付出。

财富如同河流，顺着它的流向，有取、有放，才能跟财富的灵性和谐相处。只有尊重财富的灵性，财富才会关注你。从今天起，不要再视金钱如粪土，不要再随意挥霍金钱，因为它们既不香，也不臭，你的本心决定它的灵性。

通过上面的分析，我们知道成功者和普通人的不同，主要体现在以下几个方面：

成功者都关注自我成长，拥有无限的创造力，会想办法让自己拥有财富；而普通人只想变得有钱，却很少有人会想办法，更不懂得提高自己。

成功者的使命感比较强，而普通人则随波逐流、随遇而安。

成功者专注于创造机会，普通人只专注于眼前是否有障碍。

成功者欣赏其他成功人士，同频共振、同频相吸；普通人却讨厌成功者，远离学习的机会，喜欢和不如自己的人相处。

成功者乐于分享自己的价值观与成果，普通人认为成功者是在炫耀而不是在分享成功的经验。

成功者的付出与接受都很顺畅，普通人的付出与接受都不顺畅。

成功者是让钱帮他们工作，普通人则是辛苦工作赚钱。

成功者遇到困难会采取行动，而普通人却会让困难挡住他们的行动。

成功者持续关注自己的内在成长，无限开发自己的潜能智慧，期望遇见未知的世界与自己；普通人则认为他所见即世界，谁都没他能干，无法真正看清自己。

对比一下，看看自己中了几条？你是成功者，还是普通人呢？

如果你想做个成功者，想成为财富的拥有者，那就从现在开始，以成功者的认知来要求自己，不断提高，自我完善。

拥有高频能量的人都有一颗利他的心

每个人都有一颗善良的心，善良是人类固有的本性。恶习多数都来自后天的沾染，由环境对个人的影响而造成，但只要进行适当教导，通常都能返璞归真。

拥有高频能量的人，都有一颗利他的心。正是因为有这颗"心"，才能让他们在帮助别人的同时延展自己原有的生命格局，持续地向外传递价值，创造更多的财富。从本质上来说，利他就如同"春种一粒粟，秋收万颗子"一样。

将自己的目光只聚焦于利己而非利他的事情上，内心处于匮乏的状态，即使遇到机会，也会因为不敢尝试或判断错误而无法获得财富。只有拥有一颗利他的心，创造共生价值，把希望和爱传递给更多的人，财富才会不请自来。

主动向外赋能，就能打通阻碍我们和财富建立关系的卡点。在这个过程中，我们的能量场会飞速提升，我们和财富之间的正向流动也会随之增强。我们的高频能量，会增强我们拥有财富的能力，跟财富产生更加紧密的联结，和财富成为朋友，就能有底气对抗生活中的不如意，拥有丰盈富足的人生。

1. 多考虑他人

所谓利他的心，是指为他人服务的崇高之心。

有人逛街时发现一个乞丐穿着破烂的衣服，便主动为他购买了一件衣服让其穿上；有人不知道关心他人，导致自己遇到问题时无人帮忙……这些场景生活中经常会看到，却很少有人会思考它为何发生。

（1）只考虑自己，忽略了他人。以自我为中心的人，通常只考虑是否值得为对方付出感情。他们只考虑自己的利益，忽略了他人的利益；只在乎自己享受利益，却没有注意别人是否也能享受这样的利益。

（2）过分关注自己，认为所有人都会喜欢自己。要明白，不是所有人都喜欢你。同时，在日常生活中可以通过言传身教或借助别人对自己进行教育，以让别人更加理解你和认可你。

（3）自私，不懂感恩。有这样一句话：我的人生价值，全在于别人对我的好。别人给你提供帮助时，你是否认为这是一种理所当然？我们应该感恩那些为我们付出过爱心和耐心的人。

2. 让别人有成就感

在这个世界上，每个人都需要有成就感，特别是在帮助别人之后，自己心里更会生出一种成就感。因此，让别人有成就感，于自己而言，便是最有意义和价值的事情。

（1）把自己做过的事情告诉更多的人或让更多人知道。比如，你是一个非常善良的人，给自己制定了一个目标：希望能够帮助更多需要帮助的人。为此，你多次向贫困人群伸出援助之手，将这件事告诉众人，不仅可以引导更多的人加入志愿者行列，给更多的人提供帮助，还能给那些帮助别人的人带来成就感。

（2）把最有价值的事情告诉更多的人，让更多的人看到他自己的价值。帮助更多的人看到他自己的价值，你才能看到自己的价值。比如，可以和伴侣或朋友一起去做公益，告诉对方做公益是一件很有价值的事情；可以找一个有良知和道德的组织或机构，告诉对方你想参与公益活动等。帮助他人，不仅可以获得更多成就感，也可以增加自己对生命和世界的责任感。

（3）分享自己的价值，感受到自己的成长。分享自己的价值，会让一个人获得满满的成就感，从而获得自我成长；同时，别人也会觉得你是有价值的。

3. 多一些谦让

谦让的意思是谦虚礼让，不斤斤计较。在现实生活中，喜欢争强好胜，总想做到极致，就难免会出现争执。如果你不想让别人生气，也不想让别人觉得你太强势、太狂妄，那么你完全可以告诉对方：我不比你强。

（1）善于交流与接受建议。面对问题时，要虚心接受对方的建议，不要自以为是地把很多事情都揽在自己身上；不要给自己找理由，要用科学的方法去分析问题，不能凭着臆想来揣测别人的想法和要求；不能把自己当成专家、老师或权威，对别人提出的要求不屑一顾，从而忽略了别人的感受；不能把自己摆在高人一等、高高在上的位置去要求别人；不能把自己的想法强加到别人身上；不能只顾着和别人争抢而不顾及他人的感受；不能因为没有达到要求而让别人付出更多时间或精力……在面对问题时，要善于和对方沟通交流，继而提出合理化建议。

（2）不要对自己的要求太高。即使是强者，也不能保证自己事事顺心。因此，无论做任何事情，都要懂得"顺其自然"，不要对自己要求太高。比如，本来你一个星期只能看完一本 12 万字的稿子，就不要看两本。否则，不仅第一本的质量无法保证，第二本也看不完。

（3）不要以自我为中心。有些人会习惯性地将自己的"小我"建立起来，甚至用"小我"来衡量很多事情。用自己的"小我"来和别人打交道，是无法和别人融洽相处的，也就无法做到拥有利他的心。如果想收获更多，就要付出更多的努力。

（4）学会向别人求援。在现实生活中，当我们遇到困难或解决不了的问题时，要学会向别人求助，以诚恳的态度，让别人愿意伸出援助之手，帮我们解决一些我们独自解决不了的事情，而且在求助别人时，你也能享受到人际交往的快乐与价值。

第二章
感恩是获得财富的第一步

感恩是最宝贵的财富

在当今世界，有一种人受了别人的帮助还觉得理所应当，得了别人的好处还觉得天经地义，他们不知道感恩，觉得别人为他做的一切都是应该的，与这种人来往，只会换来一次次的寒心和失望；与这种人共事，只会换来一次次的背叛与抛弃。因为，这种人只能看到自己的利益，而看不到别人的善意，他们贪得无厌、得寸进尺，肆意伤害真心对待他们的人。

雨果曾经说过："卑鄙小人总是忘恩负义的，忘恩负义原本就是卑鄙的一部分。"不懂得感恩的人，很多时候甚至比狼还可怕。

一位富有的老华侨归国，他打算对一些贫困地区的学生进行资助，然后就在有关部门的帮助下，找到了一些有受捐需求的孩子的联系方式与地址。接着，他给每个孩子寄去一本书和一些笔，并随书标注了自己的电话号码、联系地址和邮箱等信息。

家人和朋友都不太理解老人的做法：送书给孩子们就可以了，为什么还要留下联系方式？在众多的不解与质疑声中，老人默不作声地等待着，他每天不是守在电话旁，就是去看门口的信报箱，或者是上网打开自己的邮箱。

　　直到有一天，老人脸上终于露出了久违的笑容。原来，一位收到书的孩子给老人寄来了祝贺节日的卡片。老人非常高兴，当天就给这个孩子汇出了第一笔助学金，同时放弃了那些没有反馈消息的学生。那个孩子是唯一与老人联系的孩子。

　　这时家人才明白，老人是在用自己特有的方式诠释"不懂得感恩的人不值得资助"的道理。

　　古人云："滴水之恩，当涌泉相报。"试想，连一封感谢信都不愿意写的人，还如何指望他能拥有感恩之心呢？

　　一只狼走在结冰的河面上，突然冰层断裂，狼掉进了河里。岸边，几只狼在焦急地徘徊，却没有一只敢上前。绝望之际，一名年轻的猎人出现在了附近的山坡上。他看到河里的一幕，立刻跑到河边，慢慢靠近狼。结果当猎人准备走到狼跟前时，冰层再次断裂，他也掉进了冰河里。

　　猎人奋力游动，伸出胳膊，使出吃奶的劲儿一把抱住狼，把它托出了水面，之后自己才费力地爬出来。

　　猎人冻得瑟瑟发抖，休息片刻后，他到附近拾了一些树枝，打算点火取暖，结果火柴已经湿了，怎么也擦不着。在猎人冻得快要坚持不下去时，一直守候在旁、被猎人救起后未曾离去的狼走了过来。它将猎人的手拉过来，覆在它的腹部，猎人的手渐渐暖和起来。

　　人与狼原本是两个不同的物种，却因为一次施恩与报恩的际遇有了联结。自此，在冰天雪地的荒野、在白雪皑皑的天地间，增添了一道猎人与狼群嬉逐的风景，多了一处冰冷中带着温暖的小世界。

知恩图报，善莫大焉。狼虽然本性凶残，却有感恩之心。爱憎分明从来不是人类的专利，那些被人们冠以"残暴冷血"的动物，一次又一次刷新着我们的认知，它们以自己的方式给予这世界最美好的温柔。

感恩不分种族与国界，它是世间万物建立联系的纽带和桥梁，更是让世间充满温暖。我们的生活需要感恩的心来创造，感恩的心需要生活来滋养。懂得感恩的人，总能成为他人生命中的光，为他人照亮前方的道路，给他人带去温暖和希望。

常怀感恩之心，就能发现生活中的美和感动，从而让自己保持清醒，对他人宽厚，学会感恩，学会知足，懂得回馈。同时，懂得感恩的人也是财富的亲近者。做一个常怀感恩之心的人，给予世界善意和温柔，自己也将收获满满的财富。

《一杯牛奶的故事》曾感动了千万人，故事是这样的：

一个女孩得了重病，主治医生倾尽全力治好了她。女孩感受着劫后余生的喜悦，同时也忐忑地等待着巨额医药费的通知单。然而，当看到费用结算单时，她哭了，因为上面只有一句话：一杯牛奶已结清所有的费用。

原来，多年前一个落魄的人出现在了女孩家门口，由于长时间没吃饭，他极度虚弱，眼看就要晕倒了。女孩看到后，立刻把他搀扶进屋子，递给他一杯牛奶。

时光荏苒，当年那个落魄的人今天成了女孩的主治医生，而女孩当初的一份善意不仅帮助了他人，在多年后更拯救了自己的生命。

恩惠再小，也能成为一粒种子，然后破土而出，最终成长为参天大树。

很多时候，我们并非无所不能，却能竭尽所能地去帮助他人。而感恩他人、善待生命、善待世界，是极其简单且并不需要花费多少力气的事情。人间的温暖有时候就像火光，虽然微弱，但只要一点点积累起来，就能将火光汇聚成为一团大的火焰，照亮和温暖更多的人。

感恩的魔力到底有多大

为了研究感恩对幸福的强力影响，加州大学戴维斯分校的学者罗伯特·爱蒙斯做过一项实验：

爱蒙斯把学生分为三组，对不同小组的同学提出了不同的要求。

第一组学生，每天写下五件值得感恩的事。

第二组学生，每天写下五件烦人的琐事，如交税、找停车位等。

第三组学生，写下前一周发生的五件事，并没有要求是正面或负面。

研究结束时，每天写五件值得感恩的事的第一组学生，幸福指数比其他两组学生足足高了 25%。由此可见，感恩的力量究竟有多大。

如果你希望自己的幸福指数比现在高，只要每天花几分钟，写下自己要感恩的五件事就足够。当幸福指数下降时，只要"不停地感恩"，几分钟之后，你就会觉得比较幸福了。这是因为你在逆转幸福的潮水，一旦潮水上涌，它们就会持续下去，填满你的心房。

感恩是一种对人生抱持肯定的态度，即使穷困潦倒、贫病交迫，甚至陷入漫无边际的黑暗中，你仍可以选择感恩，借由人类唯一不会被泯灭的自由，将逆境转化为契机。

对生活中发生的事情表示感恩，你生命中的每一刻都会变得有意义。心中满怀感恩，就能将自己的欢乐散播给别人。

现实中，很多人没有真正理解或懂得感恩的意义，有的人听过但并不相信，所以没有去做；有些人做了却发现自己的生活并没有发生奇迹和转变，也没有再坚持。对于后者，那是因为他们并不是真的用心、用爱在感恩，仅仅是知道有人说过"感恩就会有奇迹出现"，这样目的性太强。

对现有的生活充满感恩时，生活才会越来越好，财富才会越积越多。

感恩是一种发自内心的情感，而那种期待用感恩来兑换什么，带有极强的功利性的感恩不能给自己的生活带来改变。

现实中，多数人都活在莫名的恐惧意识里，认为只有争抢才能得到。很少有人知道：越想争抢，内在越匮乏，迎接你的将是更多的匮乏。只有内心纯净平和、充满感恩，生活才会发生改变，财富才愿意跟你结交。而要想做到内心纯净平和、充满感恩的关键是要提升自己的意识维度，懂得生命的真相。

那么，如何才能提升自己的意识维度呢？答案就是认识你是谁。真正地知道你是谁，并活出你心中的样子，你就认识了自己。而如果你想创造出自己想要的生活，就要明白生命的真相，感恩更是如此。

不对生活感恩的人往往是不快乐的，因为他看不到自己拥有的，不爱自己拥有的，不感恩自己拥有的，更看不到别人对他的付出，认为这些都是理所当然，都是自己通过追求得到的，继而想追求更多。

懂得感恩的人内心往往都充满了爱，即使不去追求和提升自己，也已经活在自然规律中。他们知道，所有的得到或失去都不是偶然，他们懂得坦然面对，会感恩所有为他提供过帮助的人，甚至是给他带来麻烦的人。

真正懂得感恩的人，没有好坏对错的分别心，因为一切都值得感恩，即使是麻烦，也可能蕴藏着更大的奇迹。

记住，在追求财富的过程中，所有的事情都值得感恩，不管你认为是坏事还是好事。

早上起床时，你可以感恩自己还活着，拥有健康的身体，可以享受阳光、空气和水等生存所必需的资源。

吃早餐时，你可以感恩给我们提供早餐的早餐店，正是他们的辛苦工作，我们才能吃上可口的早餐。同时，每一粒米、每一种菜都是他人付出辛苦和爱种植出来的，难道不应该感恩吗？

千万不要觉得，我付出了金钱就应该得到。

你的钱是怎么来的？是老板或客户给你带来的。也许你会说是自己辛苦工作赚来的，但如果没人给你提供工作的机会，你还能赚到钱吗？如果没有客户买你的产品，结果又会如何呢？

很多情感或婚姻之所以不顺，是因为双方或一方习惯了对方的付出，彼此或另一方又没有感恩之心，时间长了，自然就没了爱的感觉，也不再表达爱，最终只能越走越远。

记住，世界上没有一件事情是"应该"的，这一切都是我们自己创造的。从这个意义上来说，每一件事都是奇迹，所有的事都值得感恩。即使在帮助别人时，也应该心怀感恩，不能骄傲，因为别人给你提供了一个传递爱的机会，而这股爱的能量最终会更多地回馈自己，进而为你创造更多的财富奇迹。

你所有的得到都是因为给予了爱，懂得了感恩。我们之所以会失去和不如意，除了真的遇人不淑，或许还是因为你有太多的抱怨和索取，希望别人能够给你更多一点儿爱，同时你还不懂得感恩，认为这一切都是理所当然，如此，生活只能给你反馈更多的匮乏。而在追求财富的过程中要想改变这种状况，就要停止对生活的抱怨和对他人的种种负面评判，走进自己的内心，让自己活在爱、喜悦、和平和感恩之中。

感恩是财富能量之源

感恩是最好的财富投资，是你财富的来源之一。心态正确，才能得到真正的回报。

人生在世，想要成功、幸福、有价值地生活，就要不停地工作，不断地付出，常怀感恩之心。

财富是有灵魂的，懂得感恩是每个人终身宝贵的财富。

财富是爱的结果，它是你努力达到目标后获得的报偿。当你通过自己的努力获得财富时，财富就会青睐你。同时，因为这是你辛勤努力得来的，财富也会留在你身边。

财富是用来帮我们达成一定目的的，当它被用在良好的、支持生活的事物上时，你得到的回馈便会越来越多。而通过这个方式，财富也就形成了一个服务、达成与获得的完整循环。

感恩是生命的开关，更是获得财富的钥匙。

开心地花掉每一分钱，就能种下财富的种子。财富喜欢跑向那些懂得感恩、懂得发挥出财富的无限价值的人，掌控和恐惧财富，只能让你的财富通道被堵塞。

内在富足，是滋养财富的最好磁场。内在富足，外在显化就会丰盛；心中有什么，外在才能显化什么；心不唤而物不至，厚德才能载物。以爱的特质约束自己的心灵，活在德的层面，时刻保持正向的思想言行，在创造财富的过程中，就会比较容易拥有富足的生活。

感恩是财富的核心要义，带着爱的眼光谢谢自己的每一份付出，可以让自己贡献一技之长，顺利和他人合作，进而获取财富。

你是否经常给钱不情愿？如果是，则说明你是在担心自己会失去什么，你害怕失去后它就再也回不来了。找到让自己害怕的根源，然后转变思想，消除恐惧，就能拿回属于自己的力量。

感恩是一种能够带来强大疗愈效果的情绪状态，强大到一定程度时，足以终结贫穷意识。

每个人都拥有直觉，有时直觉也能触发改变，从细微处告诉你真相。将直觉带入你的生活，你的身体能量就会发生改变，带来不一样的感觉，进而让你用不一样的眼光看世界，甚至让自己变得更加强大。

无论你现在是贫穷还是富有，只要拥有一颗感恩和通透的心，就能放开自己，也就开启了你的财富之门。

如何感恩财富

现实中，我们总能听到这样的话：

"最近真穷！"

"10 元钱以上的活动别叫我……"

"我咋又没钱了，明明啥都没买啊！"

"唉，又到了还贷的时候了，真惨……"

如果此时的你经济窘迫，你对待财富的态度必然会充满焦虑、妒忌、失望、沮丧、怀疑或恐惧等负面情绪。

对于财富的抱怨、争执、心灰意冷、愤世嫉俗或横加批判，不仅无法让你的经济状况好转，还会降低你与财富的互动频率，让你陷入更加窘迫的财务状态。因此，即使囊中羞涩，仍然要对目前所拥有的一切财富心怀感恩。

当然要做到这一点会很不容易，但这却是提升财富能量的好方法。

第一步：

列出你生命中值得感恩财富的事情，并写下每一项感恩的理由，尽最大努力体会心中的感激之情。

具体思路：

——过去的你是否有家遮风挡雨？

——过去的你是否受过良好的教育？

——过去你每天是怎么去上学的？你买得起辅导书吗？你在学校吃午餐吗？你负担得起上学所需的费用吗？

——过去的你拥有牙刷、牙膏、香皂和洗发水等生活必需品吗？

——过去的你有没有乘车旅行过？

——过去的你看电视、打电话、用电器和自来水吗？

刚开始写，可能你会觉得有点儿困难，但随着思考的深入，你会发现越来越多值得感恩的事物就会出现。对每一笔财富、每一个回忆，都可以心怀感恩。

第二步：

坐下并花几分钟回忆小时候无偿享受到的生活中的各种恩惠和便利。

在心中默念感谢，并认真地体会这句话在你心中的分量。

第三步：

花钱时在心中默念感谢，真心地感激你所获得的财富让你的生活富足。

带着感恩于与祝福看待你拥有的每一笔和花出去的钱，慢慢地你与财富就不再对立，更多的财富能量就会源源不断地向你涌来。

感恩生命给予你的一切

世上最大的感恩，是接受生命给予你的一切。

从前，有一个国王非常喜欢打猎，宰相最喜欢说的一句话就是"一切都是最好的安排"。

有一天，国王兴高采烈地到大草原打猎。在追逐一只花豹时，不小心被花豹咬断了手指。回宫以后，国王越想越生气，就找来宰相饮酒解愁。

宰相知道后，一边举杯敬国王，一边微笑着说："大王，少了一小截指头总比丢了命来得好吧。想开一点儿，一切都是最好的安排。"

国王一听，沉闷了半天的心情终于找到了宣泄的机会。他凝视着宰相说："嘿！你真是大胆。你真的认为一切都是最好的安排吗？"

看到国王震怒，宰相却毫不在意："大王，真的，如果我们能够超越自我，得失福祸，一切都是最好的安排。"

国王说："如果我把你关进监狱，这也是最好的安排？"

宰相微笑着说："如果是这样，我也深信这是最好的安排。"

国王说："如果我吩咐侍卫把你拖出去砍了，这也是最好的安排？"

宰相依然微笑，仿佛国王在说一件与他毫不相干的事："如果是这样，我也深信这是最好的安排。"

国王听后勃然大怒，大手用力一拍，两名侍卫立刻近前，国王说："把宰相拉出去，斩了。"侍卫愣住了，一时不知如何是好。

国王说："还不快点儿，等什么？"侍卫如梦初醒，上前架起宰相就往门外走。

国王忽然有点儿后悔，大喊一声说："慢着，先关起来。"宰相回头对他一笑，说："这也是最好的安排。"

国王大手一挥，两名侍卫就架着宰相走出去了。

一个月后，国王养好伤，打算像以前一样，找宰相一起出行，可是想到是自己下令把他关进监狱里的，一时也放不下架子释放宰相，便叹了口气，独自出行了。

国王走着走着，来到一处偏远的山林，忽然从山上冲下一队脸上涂着红黄油彩的人，他们三两下就把国王五花大绑，带回到高山上。

国王想到今天是满月，附近有一支原始部落，每逢月圆之日，就会下山寻找祭祀满月女神的牺牲品。国王哀叹一声，这下真的是没救了。他想跟对方说："我是这里的国王，放了我，我就赏赐你们金山银海。"可是，嘴巴被破布塞住，连话也说不出来。

最后，绑匪将国王带到一口比人还高的大油锅旁，柴火正熊熊燃烧，国王脸色惨白。片刻之后，大祭司现身，让手下当众脱光了国王的衣服，露出细皮嫩肉的身体。大祭司啧啧称奇，想不到现在还能找到这么完美无瑕的祭品。原来，今天要祭祀的满月女神是"完美"的象征，祭品丑一点儿、黑一点儿、矮一点儿都没有关系，就是不能残缺。

这时，大祭司突然发现国王的左手小指头少了小半截，咬牙切齿咒骂了半天，便下令说："把这个废物赶走，另外再找一个。"

脱离险境的国王欣喜若狂，飞奔回宫，他立刻叫人释放了宰相，并在御花园设宴，为自己保住一命，也为宰相重获自由而庆祝。

国王一边向宰相敬酒一边说："宰相，你说的真是一点儿也没错，一切都是最好的安排。如果不是被花豹咬一口，我今天连命都没了。"宰相回敬国王，微笑着说："贺喜大王对人生的感悟又上了一层楼。"

过了一会儿，国王忽然问宰相："我侥幸捡回一条命，固然是'一切都是最好的安排'，可你无缘无故在监狱里蹲了一个月，这又怎么说呢？"

宰相慢条斯理地喝下一口酒，说："大王，您将我关在监狱里，确实也是最好的安排啊。您想想看，如果我不是在监狱里，那么陪伴您一起出行的就是我。当对方发现您不适合拿来祭祀满月女神时，那么我就会被丢进大油锅中烹煮。所以，我要为大王将我关进监狱而向您敬酒，是您救了我一命啊！"

"一切都是最好的安排"是一种豁达的人生态度。生命是用来体验的，对待自己的生命，要真切地活过，活过每一个美好，活过每一个黑暗，活过每一种滋味，用心去体验。即使是错误，即使是仇恨，即使是失意，都需要体验，因为在这些背后都有它的意义。

虚心接受生命所给予你的一切，不再对抗生命中的各种体验，才能真正地走向爱自己的旅程。

所谓活得富足，就是完全走在自己的道路上，并如实地接受生命给予的一切，包括一段美好的关系、一笔巨大的财富；或是一份能够滋养你、让你感到完整，同时能够给周围的人带来好处的工作；或者是对大自然的热爱，或拥有的一种美好的人生经验。

如果你时常担忧、恐惧财富的不足，那就要深入你的内在，仔细感觉，看看你为何会有财富的匮乏感。这是否源于你内在爱的匮乏？感受为何无法给自己更多的爱，为何无法接受他人对你的爱与关怀。

爱的力量就在你的心中，而不是外在环境，无法体会到自己就是爱的本身，就会缺乏力量的来源，而财富的创造需要借助力量。

在爱的学习成长上有所体悟，并用实际行动去爱自己，你的内在就不会有爱的匮乏感，你在财富方面也才会有更大的收获。

第三章
吸引财富的多种方法

：做财富和生活的平衡者

用20%的时间创造80%的财富

"二八定律"也被称作帕累托定律，是 19 世纪末 20 世纪初意大利经济学家帕累托发现的。他认为，在任何一组东西中，最重要的约占其中的 20%，其余 80% 尽管是多数，却是次要的，因此被称为"二八定律"，亦被称为不平衡原则、关键少数规则、最省力法则等。

这一现象在日常生活和工作中比比皆是。比如，80% 的社会财富集中在 20% 的人手里，而 80% 的人只拥有 20% 的社会财富等。

成功之人先相信再去看见，普通之人看见了才去相信。时间都花在看别人成功上了，自己却没有一点儿改变。

我们的人生也是如此，是接受 80% 的平庸，还是争取 20% 的成功，其实早就写在了我们的行为方式里。

1. 20% 的人做事业，80% 的人做事情

有这样一段对话：

三个石匠在雕刻石像，有个人路过这里，问："你们在做什么？"

第一个石匠回答："我在凿石头，凿完这块我就可以回家了。"

第二个石匠回答："我在做雕像，很辛苦，但要养家糊口。"

第三个石匠回答："我在做一件艺术品。"

同样的工作，不同的回答。

前两个石匠把工作视为一种责任，要么为了交差，要么为了讨生活，他们是在做事情。只有第三个石匠把工作当成了自己的事业，他以工作为荣。

事业和事情，一字之差，却有天壤之别。做事业抒写的是自己的人生；而做事情，归根结底只是为了完成任务。

有位哲人说："如果一个人能够把工作当成事业来做，那么他就成功了一半。"把工作当成事情来做，就会被框在"为别人而活，为别人做事"的笼子里。殊不知，工作不仅是我们的生活，更是我们的人生事业。

2. 20% 的人记笔记，80% 的人忘性大

人类的大脑容量虽然很大，但和记忆力却不成正比。

艾宾浩斯记忆遗忘曲线显示，当我们学习一个新知识暂时记住后，很快就开始遗忘，20 分钟后遗忘 42%，1 小时后遗忘 56%，1 天后遗忘 66%，6 天后遗忘 75%。但很多人却高估了自己的记忆力，他们天真地以为自己可以记住很多东西，却忘了能记住的东西一定是不断重复的。真正的笔记，不只是为了记录过去，而是为了创造未来。

3. 20% 的人有目标，80% 的人爱瞎想

英国女作家莱辛曾说："走得最慢的人，只要他不丧失目标，

也比漫无目的地徘徊的人走得快。"

目标，像夜行人前进道路上的灯塔，是方向，更是希望。有目标的人，不管他怎么走，都不会迷失自己。没有目标的人，就像无头苍蝇一样，要么东碰西撞，要么原地打转，胡思乱想，被他人左右，担心自己会半途而废，害怕自己会失败，结果连尝试的勇气都没有。

生命的意义，在于为了目标不断努力。人生最大的悲剧，不是目标没实现，而是没有目标可以实现。为什么圆规能画圆？是因为它的脚在走，心不变。为什么很多人不能圆梦？那是因为他们的心不定，脚乱走。脚步乱了，人生也就乱了。

4. 20% 的人想办法改变自己，80% 的人想办法改变别人

很久以前，人类还赤着双脚走路。一次，一个国王到偏僻的乡间旅行，遍地的碎石子硌得他双脚直疼，气急败坏的国王下了一道命令："把全国的道路都用牛皮铺起来。"但如果这样做即使把全国的牛都杀掉，也不够用来铺路的。

这时一位聪明的仆人大胆向国王进言："大王啊，与其牺牲那么多牛，您何不用两小片牛皮包住双脚呢？"

国王如梦初醒，立即收回命令，采纳了这个建议。

与其费力改变世界，不如轻易改变自己。这个世界你能控制的只有你自己，别人都是不可控的。别试图去改变别人，因为你永远都改变不了，如果希望看到世界改变，先要学会改变自己。

5. 20% 的人明天的事今天做，80% 的人今天的事明天做

在瞬息万变的时代，要想成功，不仅需要能力，还要有超前的意识。毕竟，真正的机会，从来都是给时刻做好准备的人的。

现实中，很多人都败给了自己的惰性，常常把今天的事情拖到明天做。但就算明天做得再好，终究还是把事情耽误了。更可怕的是到了明天也不一定做，一拖再拖，最后不仅浪费了自己的时间，也拖垮了自己的人生。

我们不仅要今日事今日毕，也要明日事今日计。别等到亡羊补牢时，才发现为时已晚；别等到错失机会时，才意识到自己的每一次偷懒都是在给自己的未来挖坑。

6. 20% 的人按成功的经验做事，80% 的人按自己的意愿做事

牛顿曾说："如果说我比别人看得更远些，那是因为我站在了巨人的肩上。"成功没有捷径，但站在前人的肩膀上，借鉴前人成功的经验，就会少走很多弯路。

当然，按别人成功的经验做事，也不是照搬别人的经验，而是结合自己的实际，取其精华，去其糟粕。个人能成功，靠的不仅是自己的努力和坚持，更是因为跟对了人，做对了事。反之，一意孤行，仅凭一己之力，是很难走向成功的。

无论一个人多有智慧，都会有自己的极限，不学习别人的成功经验，人生基本上也很难会有突破。所以，要想突破，要想爬得更高，走得更远，就要学会借力。

想想看，你是那 20% 的人吗？

20% 的人用脖子以上来挣钱，80% 的人用脖子以下来赚钱。

20% 的人正面思考，80% 的人负面思考。

20%的人买时间，80%的人卖时间。

20%的人重视经验，80%的人重视学历。

20%的人思考我要怎样做才会有钱，80%的人思考我要有钱我就会怎样做。

20%的人爱投资，80%的人爱购物。

20%的人在问题中找答案，80%的人在答案中找问题。

20%的人目光长远，80%的人在乎眼前。

20%的人把握机会，80%的人错失机会。

20%的人计划未来，80%的人早上才想今天干什么。

20%的人按成功的经验做事情，80%的人按自己的意愿做事情。

20%的人可以重复做简单的事情，80%的人不愿意重复做简单的事情。

20%的人想如何能办到，80%的人想不可能办到。

20%的人受成功人的影响，80%的人受失败人的影响。

20%的人状态很好，80%的人状态不好。

20%的人整理资料，80%的人不整理资料。

20%的人相信以后会成功，80%的人受以前失败的影响，不再相信成功。

20%的人与成功者为伍，80%的人不愿意改变环境。

20%的人改变自己，80%的人试图改变别人。

20%的人爱争气，80%的人爱生气。

20% 的人鼓励和赞美，80% 的人批评和谩骂。

20% 的人会坚持，80% 的人爱放弃。

20% 的人是成功者，80% 的人是普通人。

20% 的人掌握世上 80% 的财富，80% 的人掌握世上 20% 的财富。

如果你想拥有财富，你想改变自己的人生，就要改变自己，遇事不要找借口，而是要找机会，并时时为机会准备着。做到了这一点，当机会来临时，财富才不会从你身边悄悄溜走。

改变生活方式，拥有财富能量

主动改变自己的生活方式，方能拥有财富能量。

1. 有一个实际的愿景

愿景是大脑中一幅清晰的蓝图，可以激励你采取行动，给你目标，让你感受到鼓舞和激情。成功人士的生活里都有一个愿景，而且这个愿景还是实际的。

人生愿景会指导你的目标、行动、思想和行为。如果一个人没有人生愿景，就会感到人生漫无目的，没有动力，不清楚自己为什么存在，"我的人生该怎么办？"和"我该如何度过我在这个世界的时间？"将成为他们最常见的问题。

2. 调整你与父母的关系

从小生活在良好家庭氛围中的孩子，长大后比较容易适应世界的规则，也更容易受到别人的优待。跟原生家庭关系不好的孩子，成年以后，很难处理与周围人的关系，与人相处起来也经常是磕磕绊绊。

其实，你会成为怎样的人，过怎样的人生，在你和父母的关系中就可以找到答案。一个人和父母的关系，就是他和世界的关系。

3. 调整你与伴侣的关系

与伴侣的关系决定了你拥有财富的数量。

夫妻之间的生活是一段长久的旅程，也是一场需要共同努力的考验。夫妻之间的相处关系不同于其他人际关系，需要更多的信任、理解和沟通。双方只有不断地学习和成长，才能使婚姻走向更美好的未来。

（1）尊重和信任。夫妻关系是建立在互相尊重和互相信任基础之上的。夫妻之间缺乏信任和尊重，就会引发矛盾和争吵，最终可能导致婚姻破裂。因此，在日常生活中夫妻之间要尊重对方的感受和需求，尊重对方的个人空间，并始终保持诚信和信任。因为只有建立互相尊重和信任的基础，才能建立和谐的家庭生活，才能拥有幸福的未来。

（2）沟通。沟通是建立和谐夫妻生活的关键。夫妻之间经常沟通，就能了解对方的感受、需求和期望，解决问题、协调利益、增进感情。当然，要在平和的状态下进行沟通，冲动时不要沟通，以免引发争吵或指责。同时，要认真倾听对方，理解对方的立场和感受，以便更好地解决问题，促进生活的和谐。

（3）共同成长和发展。夫妻之间共同成长和发展，才能建立和谐的生活关系，家庭才能不断积攒财富。因此，为了实现家庭共同的财富目标，夫妻就要在日常生活中共同努力。比如，可以共同规划未来的生活，制订个人和家庭的发展计划，实现共同的目标和愿景；也可以一起学习新的技能和知识，增强自己的能力和素质，更好地应对生活的挑战和困难。

4. "吉言"是财富女神

如果你在家庭或工作场所总能听到或说出充满负能量的语言，或带有亵渎色彩的语言，抑或常有冲突发生，就不太可能吸引来正能量。要想避免这些情况，就要使用正确的思想和语言，将注意力放在"我想要"而非"我不要"上。

电影《大话西游》中对人性的洞察就很深刻，里面有太多触动人心的经典场景。比如，孙悟空和紫霞仙子的爱情。这里有个颇为搞笑的场景：

孙悟空想抢月光宝盒，唐僧对着他碎碎念："你想要啊！悟空，你要是想要，你就说话嘛。你不说你想要，我怎么知道你是真的想要了。虽然你很有诚意地看着我，可你还是要跟我说你想要的……你真的想要吗？那你就拿去吧，你不是真的想要吗？难道你真的想要吗？"

孙悟空听得头皮发麻，想打人。

在日常生活中，很多人会为了得到一样东西去抢、去打、去哭闹、去示弱，唯独不会说："我想要。"不会索取，不会开口要，面对人情与隐忍的选择，就会少了九分直爽，多了一分顾虑，在自我门口徘徊不定。做了决定，又担心坏了感情；没做决定，又觉得委屈自己，心有不甘。

斯坦福大学神经生物学家罗伯特·萨博斯基认为，现代人大脑里的前额皮质主要作用是让人选择做"更难的事"。比如，坐在沙发上比较容易，它会让你站起来做做运动；吃甜品比较容易，它会提醒你要喝杯茶；把事情拖到明天比较容易，它会督促你打开文件、开始工作等。

"我想要"，其实就是为实现目标而去做的事情。

5. 房子保持整洁干净

财富是有灵性的。当你处在干净整洁的房间或办公室里时，你的心情自然就会轻松愉快，做起事来也会得心应手，财富自然就被吸引进来。

哈佛商学院曾经做过一个有趣的调查，发现了一个惊人的现象：家庭幸福、事业成功的人，家中环境一般都干净整洁；而感到烦恼痛苦的人，一般都生活在凌乱又肮脏的房间里。运行良好、办事效率高的企业，工作空间往往窗明几净；事业不兴、濒临破产的企业，办公室大多乌烟瘴气、凌乱不堪。他们最终得出一个结论：你所居住的房间正是你自身的折射，你的人生其实就像你的房间一样。

整洁的环境从侧面表现出了你的逻辑性和条理性。积极、认真做事的人，多数都不能忍受凌乱的房间。人人推脱、偷懒耍滑，环境自然就会脏乱。因此，个人所处的房间会反映出其生活状态。

我们的外在环境是内心情绪的反应，脏乱的物品代表内心的负能量及情绪的堆积，定时清理会让环境变得清爽，人住在里面自然舒适，幸福感自然增加，整个人的精神也会随之变好，内心变得纯净。无论是在工作上，还是在交往中，人们都喜欢神采奕奕的人。

由此可见，想办法给你的抽屉划分区域，把不同的东西放在规定的区域内。

把重要文件和纪念品保存在一个固定的地方。

如果你不喜欢或不需要某样东西，把它送给更需要它的人。

家庭中的每个成员都要承担整理自己物品的责任。

6. 爱与尊重是财富

财富看似是死物，其实也是拥有灵性的，尊重其灵性，财富就会追着你跑。财富就像女神，你喜爱并尊重她，她就愿意留在你身边，就像你喜欢待在爱你的人身边一样。如果你喜欢交朋友，朋友自然就多；如果你喜爱并尊重财富，你的财富自然也会像朋友一样多。

财富是需要尊重的。你尊重财富，财富才愿意长久地停留在你的身边。就像对待身边的朋友一样，你尊重他们，他们才会一直是你的好朋友；反之，你不尊重他们，他们很快就会离你而去。

所谓尊重财富，就是创造财富的时候走正道，正所谓"君子爱财，取之有道"。花钱的时候，要让财富实现其真正的价值，将钱花在该花的地方，不能浪费，更不能花在歪门邪道上。

通过正道创造的财富才能长长久久，财富也才会源源不断。通过不正当渠道获取的财富为不义之财，无论赚到多少，最终都会很快化为乌有，并为此付出巨大代价。

将钱花在赌博、吸毒及其他奢靡享乐上，财富会越来越少，最终无法留住财富。将钱花在做慈善等比较有意义的事情上，才会形成良性循环，人才能源源不断地获得财富。

所以，想要留住财富，想要让财富追着你跑，前提是你要懂得尊重财富。

如何成为财富的吸铁石

如何成为财富的吸铁石呢？答案就是建立丰盛的富足意识，清理匮乏的思想言行。那么如何建立并培养丰盛的富足意识呢？

1.清理财富匮乏的思想和负面情绪系统，敞开财富的能量通道

不知道大家平时消费的时候有没有注意过，每次去超市，随便买点儿东西，几百元就没了。你总是不自觉地感叹："没买什么就又花了好几百。"这种无意识的念头，是从小就被养育者潜移默化地灌输的。这个声音，就是我们对于财富匮乏的表达。

我们只会成为自己相信的样子，如果放任潜意识一直处于财富匮乏的状态，就永远是匮乏的。只有及时觉察，调整能量，带着感激和丰盛的状态来付账，才能让自己生活在丰盛的能量中。感激提供商品的生产者和所有的流通环节，可以让我们方便地买到所需要的物品；感激我们拥有的财富，可以自由地购买自己需要的东西。

财富的匮乏感，不仅表现在"钱不够用"上，舍不得花钱也是匮乏感的一种表现。住酒店的时候，很多人都会选择经济型酒店，是因为觉得住酒店只睡一晚，花太多钱不值。这种想法忽略了自己的体验，把物质看得比自己要更重。

一方面是自己的"不配得感"在作祟，另一方面是从小并不富裕的生活环境养成的财富匮乏感在束缚着自己。而要想突破深植在心里的匮乏感，就要告诉自己"我值得拥有更好的"。

2. 巧妙花钱，提升值得感，给自己财富的能量通道扩容

财富是能量，它是流动的。在挣钱、花钱、存钱的过程中，花钱最重要。因为花钱的数量，代表着你对财富的获得感，也代表着你驾驭财富的能力。

花钱有两个层面：

（1）花给谁。比如，给自己、给有恩于自己的亲人、爱人等。

（2）买什么。共有三种情况：买不起；买得起，但嫌贵舍不得买；买得起，不嫌贵，直接掏钱购买。

如果你属于第一种情况，就要将自己的注意力从买不起的东西上转移到买得起的东西上，感恩自己收到的和花出去的每一分钱。

如果你是第二种情况，就要找到自己能买得起但嫌贵通常不买的东西上，而这样的东西通常符合两个条件：一是能让自己开心，感觉好；二是能让自己的能量获得提升。

如果你是第三种情况，就可以自由安排了。但切记，财富的能量基础是感恩，你越懂得感恩，财富就会越来越多。

提升财富能量必需的心理状态

人生中的一切，都是自己创造的，不要总觉得是运气限制了你的财富。要想改变财运，就要从改变自己开始。

在这个世界上，物质和金钱等是我们幸福生活的基础。多数人都想变得更富足，都渴望拥有更多的财富，那么，究竟是什么阻挡了财富在我们生命中的正常流动呢？

为什么我们很喜欢财富，努力赚钱，也舍得花钱，财富却依然无法轻松地来到我们的手中？

为什么我们无法心安理得地接受朋友送来的礼物，总是迫不及待地想还别人人情？

为什么每次看到自己喜欢又买不起的东西，内在的匮乏感就会冒出来？

怎样才能时刻让自己的内心感受到富足呢？

如果你是一个对财富有着强烈渴望的人，想要在未来提升自己的财富能量，就要了解提升财富能量的三种必需的心理状态。

1. 正确的信念

所谓信念，就是个体根据生活内容和积累的经验得出的目标倾向性。拥有坚定的信念，个人就能主动朝着自己制定的目标前进。

这是一种无形的力量，可以促进个体产生前进的动力，朝着自己既定的方向奋进。有了这样的信念，就能拥有正确的人生观和价值观，让自己的内在信念被激发，从而更容易走向成功。因此，要想获得成功，吸引更多的财富，就要拥有正确的信念。

（1）相信凡事皆有可为。成功的创业者总是相信凡事皆有可能。他们不信邪、不怕压、知难而进、迎难而上，相信依靠自己的顽强拼搏一定可以打开事业发展的新天地。

（2）没有失败，只是暂时停下成功的脚步。在成功者的思想或观念里，只有成功和成长，没有失败。当我们安慰某人因为某件事情没有获得成功时，我们都会说："你没有失败，你只是暂时停下成功的脚步罢了。"暂时停下成功的脚步，不是失败，而是在等待更好的机会获得更大的成功，成功者都相信"暂时停下成功的脚步"。在他们的眼里，没有失败，只有结果。而只有追求结果的人，才能获得最后的成功。取得伟大成就的人，从不把失败放在心里，不容许任何有害身心的消极思想存在。

（3）重复旧的做法，只能得到旧的结果。如果你做的事没有效果，请改变你的做法。有效的做法才能产生有效的结果，任何新的做法都会比旧的做法多一分成功的机会。想要明天比昨天更好，你必须采用与昨天不同的做法。因循守旧，不肯改变，你就会面临被淘汰或失败的危险。而改变是所有进步的起点。

（4）有效果比有道理更重要。很多时候，我们要的不是道理而是效果，因为道理并不能真正带来价值和效益，只有效果才能带来价值和效益。所以，有效果比有道理更重要。特别是在与客户的沟通中，只要在不违法、不侵犯别人利益的情况下，不要跟客户讲道理，只需跟客户讲将要获得的收益即可。任何设计都是为了效果，效果是所有行动的目的。在"三赢"(我好、你好、世界好)原则的基础上追求效果，比坚持所谓的"道理"更有意义。

（5）凡事至少有三种解决方法。只用一种方法做事，很多时候会陷入困境，因为别无选择。采用两种方法做事的人也会陷入困境，因为他给自己制造了左右为难、进退维谷的局面。有第三种方法，才能左右逢源。而且，能找到第三种方法的人，通常也会找到第四种、第五种，甚至更多种方法。有选择就是有能力，很多人至今不成功，只是因为至今用过的方法都达不到理想的效果。

（6）凡事勇于承担责任。勇于承担责任是衡量个人能力及成熟度的最佳方法之一。勇于承担责任的人，往往值得追随，他能带领大家一起努力，获得最理想的结果。

（7）不一定要完全知道细节，才采取行动。许多成功者不相信做任何事都得完全清楚细节，他们清楚什么是必须知道的，而不让细节拖慢前进的脚步。人们对"预备—瞄准—射击"的程序都很熟悉，但很多人一辈子都在"预备"和"瞄准"，没有机会"射击"。没有"射击"，"预备"和"瞄准"便没有价值。有些时候，不妨试试先"射击"，再"瞄准"。也就是说先行动，再计划，在行动中修正和完善计划。机会稍纵即逝，等你"瞄准"了，计划了，最好的机会可能也已经没有了。

（8）全力以赴。面对任何必须做的事情，面对任何有价值的工作，都要全力以赴。不全身心投入，就无法取得恒久的成功。纵观各行各业的佼佼者，他们不一定都是最优秀、最聪明、最敏捷、最健壮的人，但绝对都是最能苦干、最勤奋的人，全力以赴是他们显著的标签。

2. 坚定的意志力

在心理学中，将意志力定义为是有意识地确立目标，调节和支配行为，克服困难和挫折，实现目标的心理过程。也就是说，意志力坚定的人，无论遇到什么阻碍，都会努力克服，因为他们懂得坚持的意义。

拥有坚定的意志力，就能意识到自己未来的目标和追求，果断地去行动，你的财富能量自然也就能被调动起来。

（1）增强目的性。对于个人来说，目标很重要。目标小而言之就是任务，大而言之就是梦想。没有目标，个人必定碌碌无为，轻轻地来轻轻地走，不激起半点儿波澜。带着目标前进，才能让你的意志力更加坚定。因此，在做任何一件事情的时候，最重要的是先明确一个方向，给自己定个小目标。

（2）学会磨炼自己。只有不断地去磨炼自己，付出的比别人多，收获的才会比别人多，就如滴水穿石一样。经历磨炼会使一个人不断地成长，激发自己的潜能，从而更加成功。每战胜一次困难，你的意志力就会增长一分。当然过程也许很痛苦，但只要坚持，你就离成功更进一步。

（3）坚持体育锻炼。生命在于运动，坚持体育锻炼不仅可以让自己变得更健康，还能锻炼自己的意志力。长时间的体育锻炼会让我们浑身酸痛，身体的本能会让我们的内心萌发出"放弃"的念头，但只要长期坚持下去，不仅能够让我们的意志力更加坚定，我们的身体素质和心理素质也会得到显著提高。

（4）加强自我激励。人的一生总会出现一些小插曲，就像雄鹰一样，刚开始只是一只到处碰壁的雏鸟，长大后就变成了一只展翅飞翔、俯瞰大地的苍鹰。每个人都会遇到困难和挫折，有时甚至想放弃自己对梦想的追逐。这时你就要问一问自己：前面的那一段路你已经拼搏过、努力过，现在甘心就这样放弃吗？遇到困难时，不管他人如何看待，至少要相信自己。想要放弃时，及时地自我激励，告诉自己：人的一生应该由自己主宰，而不是命运。

（5）找一位监督者。如果你的自控能力不太强，可以找一个人作为监督者，如朋友、家人，也可以是同学。在你坚持不住的时候，让他人及时提醒你，消除你的懒惰情绪。尽管是被迫性的，但长此以往，坚持下去也能让你的意志力变得坚定，从而实现最初的目标。

3. 内在的诚信

《史记》中记载了这样一则故事：

战国时期，秦孝公锐意进取，起用魏国的商鞅主持变法。当时天下纷争，礼崩乐坏，没有人相信一个魏国人能够改变秦国。

为了树立威信，推进改革，商鞅在都城南门外立了一根三丈高的木头，并许下诺言："谁能将这根木头搬到北门，赏十金。"

围观者都不相信轻易就能获得如此大的赏赐。商鞅不断提高赏金的分量，当赏金达到五十金时，一位壮汉终于忍不住，扛起木头走到了北门。事后，商鞅果然将赏金递给了他。

这一举动，让商鞅在百姓心中树立了诚信的形象。此后，在众人的支持下，他实施的变法使秦国日益强盛，最终统一了天下。

这便是流传了两千多年的"立木为信"的故事。现在回过头再看这段历史，可以发现：商鞅变法的成功绝非偶然，他以诚心待人，尚未开局便赢得了一批拥护者，聚集了人心，这才有了后来傲视群雄的大秦帝国。

对人以诚信，人不欺我；对事以诚信，事无不成。心术不正的人，即使拥有再大的成就动机，也不会成功。一味地放纵自己的欲望，内心就会变得非常贪婪，想要追求成功和财富，就要整合自己的内心，表达自己的真心和真诚，唤醒自身的财富能量。

这是属于你自己的强有力的精神力量。当然，这里所说的财富能量，是指个体本身的能力，是追求成功和财富的一种能量。每个人都渴望成功，但真正能够成功的人却是少数，因为个体的成就动机较低。社会心理学家认为，成就动机较高的人面对困难，往往更有勇气去面对，也更能克服困难。

改变财富潜意识的三种方式

想要改变自己的财富意识，可以采用以下三种方式。

1. 将你的思想全部转化为财富

吸引力法则告诉我们，只要创造出思想的雏形，物质现实就会显化。

成功者一般都知道这个道理：财富从来都不是表面的物质，而是思想。因此，他们比普通人更能创造财富。而普通人却不知道钱是什么，认知太浅薄，所以总是赚不到钱。

只有知道财富是什么，才能创造财富。从现在开始，摒弃脑海里的不必要的杂念，腾出空间来容纳创造财富的信息，让你的脑海像海绵一样，吸纳与创造财富有关的信息。慢慢地，你就会成为财富的化身，如此你也就与财富同频共振了，财富也就会源源不断地聚积到你的身边。

2. 改变你对财富的感觉

普通人对财富的感觉一般都是恐惧、畏难等，更有甚者会谈"钱"色变。如果一个普通人跟你说他月入 10 万元，你的第一反应很可能是"不相信"或"不可能"，继而出现大量的畏难情绪。这种感觉会让你的每一个细胞都抗拒财富和成功。而细胞都在抗拒的事情，又如何能做成功呢？

很多人之所以富不起来，就是因为只要自己努力一下，身体就会反抗，身心不合一，感到非常痛苦，最后只能放弃。而成功者的第一反应是如何把它变成可能。成功者是先相信、后看见，相信现实中看不到的东西，如对于"先挣一个亿"的目标，大脑相信后就会做出行动。成功者的感觉和行动相匹配，身心合一，自然就容易做成了。因此，成功者常说"赚钱太容易了""那些钱太少了，不算什么"……

要知道，感觉和情绪永远先于行动。只有感觉和情绪到位，你的行动才能自然到位；感觉和情绪不到位，只要想行动一下，你就会觉得全身非常痛苦。

赚钱是一件水到渠成的事情，没有太多的痛苦，更没有那么复杂。只要调整好自己的感觉和情绪，一切都能轻而易举地实现。

3. 清除心中关于财富的匮乏感

生活中，很多普通人家的孩子从小就会被父母或亲戚朋友教导——如何成为一名普通人。为什么这么说呢？因为这些人会在不知不觉中给孩子灌输有关财富的负能量，让孩子的心中感觉非常匮乏。比如，"赚钱太难了""你要学会勤俭节约，这些都是我的血汗钱"……家长说出来的都是关于钱的负能量，从来不说赚钱很容易，慢慢地孩子就会觉得赚钱真的很难。

这种观念上的难，会带来现实中的难。这类似于一种自我预言的实现。这样的事情多了，你就会缺少赚钱的胆量，害怕赚钱。想要富足，捷径就是远离被财富匮乏感包围的人，无论是父母、亲戚还是其他人，不要听他们讲什么，因为他们讲的话只会让你重复他们的命运。

介入并修正你心中的财富档案

财富法则告诉我们，想法产生感觉，感觉产生行动，行动产生结果。你的财富蓝图里包括自己对财富的信念、定义、感觉和行动。

你的财富蓝图是如何形成的？是由你收到的资讯或程式设定而形成的，特别是你的原生家庭、社会关系及文化背景等。

你现在对财富的想法和认知都是被教导出来的，这些教导会变成制约，再变成自动反应，进而对你进行控制。因此，如果想改变自己的财富观，就要介入并修正心中的财富档案。

1. 钱可以衡量价值

钱是一种价值交换的量化工具，本身并没有价值，但因为被赋予了这个量化功能，从而也就获得了相应的对等价值。

别太把钱当钱，因为它只是让你活得更好的一把钥匙。钥匙固然重要，但更重要的是你到底想拿钥匙去开哪一扇门？最怕的是，把赚钱当作终极目的，最后"钱有了，人没了"，这里的"人没了"可以理解为"人生体验的缺失"。

记住，你可以用钱交换到更好的人生体验，享受不同的生活方式，获得不同的思维认知，得到梦寐以求的各种选择。重要的不是钱本身，而是你要用钱做些什么。

2. 财富是把双刃剑

财富具有两面性，一面是贫穷，一面是富有。面对这两种状态时，做出不同的选择，人生的走向和结果也将完全不同。

同样，人在贫穷时，也有两种选择：一是认命，接受甚至认定自己的"穷命"，彻底放弃抗争，甚至选择仇富；二是不认命，选择奋起反抗，依靠努力来改变命运，获得财富。

当我们富有时，也有两种选择：一个是把富有当作理所当然，甚至开始嫌弃和鄙视贫穷；另一个是将富有看作恩赐和幸运，用富有来回馈世界。很多有钱人，尤其是含着金钥匙出生的人，他们都会把财富当成一种天生的属性，认为"我有钱是因为我优秀，你没钱是因为你太懒、太笨"。

确实，多数普通人都无法接受成功者那样的教育，亦无法拥有像成功者那样的见识，想要变得富足，多数人都需要通过努力奋斗。

很多成功人士喜欢标榜自己的努力，但事实上，努力只是活在这个世上的基础，有太多的人比他们还要努力，但却没有获得比他们更多的财富。真实情况是，他们比其他人更轻易地获得了更多的资源。这些资源可能是一本很少人能读到的书，可能是一位高人的点拨，也可能是其他。总之，靠着独一无二的资源，使得他们能够更轻易地获得成功。

当然，真正富有的人，尤其是内心富有的人，会更加理解富有的本质和原因，他们不会片面地把贫穷归结为懒或笨，从而鄙视或谴责那些贫穷者。

在生活中为什么越来越多的成功者选择做慈善？是因为他们逐渐意识到，自己的成功不只属于个人，因为这个世界贫富不均，而他们恰好站在了资源多的一边。既然成功来自世界，那就应该把财富回馈给世界。

可见，财富是一个中立的东西，你怎样看待它，就会获得怎样的人生，重要的是你如何去选择。

3. 懂得花钱，才能拥有更多的钱和更好的生活

钱只是我们实现价值交换的工具，而用钱来交换什么，也就是怎么花钱，这取决于我们自身的价值观。

花钱是一件很有趣的事，就像你玩游戏的时候，用钱来买装备，让自己更厉害，从而获得更愉快的游戏体验一样。

简单来说，花钱大抵分为两种，一种是消费，一种是投资。

首先，我们来讲消费。消费是一件让人愉悦的事情，而我们要做的就是让这种愉悦感尽量更多一些。比如，在年轻人中盛行的"断舍离"，要求我们不仅要更好地处置已有的东西，更要重新审视

自己的消费行为。如果你以前买衣服，总喜欢买所谓的爆款，买一件，穿一季，缩水变形就不再穿了，扔掉又觉得可惜。那就不妨给自己定个规矩，要买就买价格可以承受且可以让自己穿够两年的衣服。如此，虽然衣橱里的衣服看起来少了很多，但每一件都是高质量的，都是自己喜欢的。

其次，再来看看投资。这里主要说两点：

一是低金额理财要适当控制时间成本。很多刚进入职场的年轻人，都把理财这件事看得很重要，花很多时间去琢磨，尤其热衷于炒股，甚至上班都在刷手机盯盘。但事实上，他可支配的存款不足1万元，就算运气好，翻了倍，也只有2万元。但事实上，3年后月薪翻倍的可能比炒股翻倍的概率要大，对比付出的精力和时间，显而易见这样的理财方式得不偿失。

二是投资自己。巴菲特20岁那年，非常恐惧公开演讲，而且觉得自己的表达能力有很大欠缺。于是，他签了一张100美元的支票，参加了卡耐基的公开演讲课程。这个课程完全改变了他后来的生活。通过学习课程，巴菲特开始摆脱对演讲的恐惧，21岁时完成了股票的出售，更让人惊喜的是，他还用课程中学到的知识成功地向女友求了婚。对自己的这笔投资，巴菲特简直稳赚不赔。

总之，只有彻底改变自己的信念系统，才能拥有全新的财富系统。就像处理个人电脑一样，只要改变了你的程序设定，就迈出了重要的一大步。

我的财富宣言，我的富足宣言

1. 财富宣言

我的财富宣言：

我欣赏富有的人，我祝福富有的人，我赞美富有的人，我就是富有的人！

不可否认，每个人或多或少都有嫉妒心，羡慕他人取得的财富与成就，这是一种正常心理，毕竟每个人都想变得更优秀。但当这种负面情绪泛滥成灾时，就需要去发现、去克制、去转变。

挖空心思地去嫉妒、去嘲笑、去憎恶，那只会浪费我们宝贵的时间，根本不会影响到成功者的财富，相反会让我们陷入一种消极的厌世情绪中。因此，只有转变角度，主动接近，多加欣赏，积极赞美，才能发现成功者身上拥有的与众不同的魅力；积极主动地向对方学习，不断完善自我的人格，才能慢慢地成长为别人眼中的成功者。

跟普通人比起来，成功者往往更容易获得他人的信任，而一个人愿意信任另一个人，往往意味着这个人是可信的，敢说真话，足够专业，非常可靠、信守承诺、亲密友善、善于倾听，懂得照顾他人的情绪。他们不自私，有公心，愿意做利他的事，而这也是我们需要向成功者学习的地方。

普通人需要为生存奔波，容易为财富所困，善良的本心很容易被蒙上一层灰，无法回归初心，只能看到一个受害者的世界；成功者拥有更多的财富，财富也只占据生活的一小部分，他们会用更多的时间来追求人生境界的升华，创造更多的社会价值。

成功者眼中所看到的世界是一个互惠互助的世界。因此，要想改变世界，首先就要改变自己的内心，祝福内心真正想要的事物，让所期盼的一切都如约而至。

2. 富足宣言

我的富足宣言：

我模仿内心富足的人的金钱价值观，我要选择富足的方式，设定全新的金钱信念。

我是富足的，能创造出无限的能量，这是我全新的信念。

我时刻观察自己的想法和行动，让自己做出真正想要的决定，不会被过去的设定所操控。

富足的人生来自我们的持续完善，更来自我们对世界的发现，越能发现生命的富足，就越能拥有一个光辉灿烂的人生。

（1）相信自我价值。每个人都有自我价值，越发现自我价值，越能创造属于自己的人生。

自我价值不是天生的，而是来自我们对世界的观察和发现，源于我们知道自己的价值的出处。

哲学家尼采曾说过："一个人知道自己为何而活，往往就能忍受任何一种生活。"相信自我价值，从本质上说是对自己的肯定，更是对自我生命意义的追逐。不相信自我价值，生命就会归于虚无，生活也会变得浑浑噩噩。因此，要想创造一个富足的人生，就要驾驭自己的人生，主动创造自己的人生。

自我价值是自我人生的引领，更能带领自己实现自我人生的富足。发现了自我价值，就能在人生中活出自我价值，就能发现生命的意义，这不仅能让我们变得积极，更能激发自我潜能，开辟与众不同的人生。

（2）激活自我动力。富足的人，往往都懂得自我激励。心理学家发现，一个人内在动力不足，往往与自我成长的创伤有很大关系。每个内心富足的人，都是一个"自燃"的人，他们能够点燃自己的成长动力，驱动自己成长。他们之所以能和普通人拉开差距，就是因为他们和别人拥有不一样的"发动机"。反观那些习惯被别人催促的人，他们多会丧失自我的主动性；能够自我驱动的人，不需要别人催促，他们会坚持自我成长和迭代，更会通过对目标的追逐，来实现自我飞跃。

在成长的路上，富足的人懂得激活自我动力，更懂得美好的人生是通过自己的努力实现的。可以说，他们的人生就是他们内心凤愿的达成和梦想的实现过程。因此，人生的成长路上，要想激活自己的生命动力，就要思考自己想要什么样的人生，自己想要创造一个怎样的人生。

对自己的人生蓝图思考得越清楚，越不想辜负自己的人生，越能调动生命的激情。记住，生命的激情属于自己，属于主动思考的人，更属于那些为自己的梦想而孜孜不倦地努力的人。

（3）做一个长期主义者。在这个世界上，富足的人都是长期主义者，而长期主义者往往都建立在对事物的充分了解上。任何事情的发展都会经历一个从小到大、从量变到质变的过程，富足的人都具有长远眼光，懂得事情的长期发展价值，更懂得事情的发展过程。在坚持的道路上，他们不会忘记自己的初心，更不会随意放弃，理解"好的人生来自个人对事物发展的信心"。

不懂得成长的笃定和心安，不懂得事物的发展规律，就容易心慌，容易变得犹豫不定。要想做一个长期主义者，就要真正静下心来。很多时候，我们之所以急躁不安，就是因为我们不懂得事物的发展规律，更不懂事情的走向和趋势，容易摇摆不定。而一个长期主义者，会少了很多迷惘和失望。

做一个真正聪明的长期主义者，遇到大事时才能充满自信，在风浪面前才能保持强大的信心，才能真正和时间做朋友，掌握时间的复利，活出最好的自己。

真正富足的人，都能完善自我、自我迭代，更能发现生命中的富足，然后信心十足地去塑造自己的人生。

第四章
财富喜欢充满正能量的人

想要什么样的生活，就要先成为什么样的人

在日常生活中，很多正能量爆棚的人，一般都积极乐观，浑身洋溢着快乐。他们充满活力、精力充沛、兴奋热情，做事全神贯注，敢于接受正面挑战，内外合一，善于自我提升；他们遇事淡定、敢于担当、冷静平和、自然放松……他们具有超强的影响力，当然财富也更喜欢他们。

心中充满负能量的人，往往都容易愤怒，疑心很重，灰心沮丧，过分担忧，太过急躁，无法应对压力或负面的挑战；他们觉得所有的事情都是问题，不敢面对；他们喜欢怨恨、后悔，更会陷入内疚、嫉妒、自卑、绝望、挫败、羞耻和尴尬等负面情绪中，他们做事多半途而废，成功的概率很小，从而更不容易赢得财富。

人的气场虽然不可见，但能量巨大，其时时刻刻影响着我们的财富人生。个人的观念、信仰、呼吸、朋友、欲望、食物和睡眠等都影响着自己的气质、生活和命运，更对我们的财富有着直接影响。

气质好，有精神，道德修养高，积极乐观，气场就会好，也会吸引到好的人和事及运气。相反，如果一个人萎靡不振、精神不

好、做事没效率，气场就不好，好事也会远离他，这其中当然也包括财富。

你相信什么，就有什么样的气场。你心里经常想什么，结果往往就会是什么。如果你对财富充满渴望，那么它总有一天会来到你的身边旁。

种下什么因就会收获什么果，只有用积极正面的心态去生活，才能进行正能量的交流互换。所以，一定要记住：想要拥有怎样的生活，你就要先成为那样的人。

1. 不抱怨，赢得财富；爱抱怨，终将被财富抛弃

生活中，幸福者的标志在于心态。心态积极，就能乐观地面对人生，敢于接受挑战。心态不积极，在工作遭遇不顺心时，只会将所有问题都抛给他人，抱怨自己怀才不遇，感叹自己生不逢时；当生活不如意时，只会抱怨所有人亏欠自己，抱怨没有生在富豪之家……

抱怨，并不能解决问题，只会让自己的人生越来越糟，让财富远离你。

情绪是一种力量，不仅会流动，也会传染。如果你的身上每天都充溢着积极情绪，带给身边人的永远都是满满的正能量；如果你的生活中充满了抱怨，身边的人也会被你的消极情绪影响和干扰，会变得焦躁不安。因此，人们一般都喜欢跟充满正能量的人相交，财富同样如此。

生活在消极、悲观的环境里，无论你有多大的能力，多么有才

65

华，都不会赢得财富，因为你看到的永远都是黑暗的一面。只有停止抱怨，以积极、阳光的心态看待周围的一切，感受到阳光的滋润，财富才能不请自来。

2. 懂得凡事都有正、反两面

有这样一个例子。

一位老板让甲、乙两个人去非洲卖鞋。一个月后，两人归来。甲对老板说："他们根本不穿鞋子，那里没有市场。"乙则兴奋地告诉老板："那里的人都没鞋子穿，未来市场前景无限。"

可见同样一件事情，不同的人看了，结果却不一样。这就告诉我们，凡事皆有正、反两面，关键看你选择哪一面。凡事只往坏处想，自暴自弃，整个人生也会晦暗无光，就更无法抓住财富。选择事物的哪一面，直接决定了你拥有什么样的财富人生。

3. 好心态，才能有财富

一个人的财富，其实是靠自己的好心态带来的。

乐观的人，无论看到什么，都能找到积极的一面；无论走到哪里，都会受欢迎，财富也会追随于他。悲观的人则恰恰相反，他们爱抱怨、爱生气，除了心态不好，身体也会每况愈下，只会让财富避之不及。

人生下半场，拼的是心态。心态好，财富才能走向你；心态差，万事皆难，包括财富的获得。因此，要想获得财富，一定要有好心态，有些事，别太斤斤计较；有些人，不必放在心上，失去就失去，留不住的没必要珍惜。此外，还要把烦恼扔给昨天，把简单和快乐放在今天，把希望留给明天。无论酸甜苦辣、喜怒哀乐、悲欢离合，都要认真、踏实地过好眼下的生活，走好人生的每一步。

心态好了，财富不请自来，你才不会活得那么累。从今天起，我们要做个拥有财富的人，对不喜欢的人说"不"，让不值得的事离开，不要让自己每天都活得那么辛苦、那么累，即使有太多的事等着自己，也要一步步来。

不要让匮乏感拉低你的生命质量

很多人觉得，只要自己有钱，物质条件丰富，就能拥有幸福，但当他们真正有钱或聚集了大量财富的时候，却不一定会感到快乐。原因何在？主要根源就是"骨子里的匮乏感"。因此，要想提高生命的质量，首先就要改变由内心而生发的匮乏感。

很多人过得不幸福，并不是因为真的穷，而是因为内心的匮乏。这种内在的匮乏感不仅让他们感到焦虑、恐慌，还会降低他们的智商。生活中做的愚蠢决定，多半都跟匮乏感有关。

通常，较容易看清的匮乏感一般都是比较外显的。比如，财富或时间的匮乏感。但除此之外，还有更深的匮乏感在对我们施加作用，如注意力、认知开放性、对生命的好奇和探索、内在力量感、爱的能力……这里，最严重的匮乏感不是财富和时间的匮乏，而是勇气和认知的匮乏。

人与人之间存在差异，本质上都是意识形态或认知结构的差别，而不是身份、年龄或财富等表象上的区别。当下拥有的生活，都是自己过去无数次说出的话语、做出的行为、做出的决定所累加出来的结果。

现实中，很多人都习惯将不好的结果推到外部因素上：原生家庭不好、运气不好、市场环境不好、社会环境不好、教育环境不好等，很少有人会透过这些结果去审视自己作为生命的主人应该承担的责任。他们根本没有意识到，是自己创造和选择了这样的生活现状及所处的环境。

其实，人最大的匮乏是力量感的匮乏，这种匮乏会直接让人们逃避一切责任。喜欢逃避的人会觉得，外界情况迫使我只能这样。他们将所有的原因归结于外在，但事实是，只有不随着环境改变，才能改变所处的环境；不敢遵从自己内心的感受，好运和幸福就不会凭空降临到自己身上。

内心的力量如同身体肌肉的力量一样，用进废退。因此，要想让内心充满力量，就要不断地做出有勇气的选择，一次一次地进行练习。练习的具体方法：不断地做一些超越自我安全感的尝试，进行一次旅行，尝试做一些对自己有帮助但又不敢做的事情……经过多次的尝试，你的世界就能变得越来越宽广，外在世界扩展，内在世界自然也就会有所不同。

《蜘蛛侠》里有一句著名的台词："能力越大，责任越大。"你愿意为生命负责的范围和深度，决定着你的力量能扩展到什么程度。对自己的生命负责，你看到的、听到的、品尝到的、接触到的或以任何方式体验到的都是你的责任，因为它出现在你的生命里。最终你就会发现：你和你的命运都是一体的，你创造了自己的命运，然后去体验自己的命运，你和你的命运彼此互为因果。

当你开始一点一点改变自己、改变自己的内在世界时，你外在的一切也都将发生改变。因为你是自己命运的主宰。

个人的贫穷本质上是匮乏，内在的匮乏是我们无法富足的关键。想让自己变得富足，关键要掌握三种意识。

意识一：真正的富足源于自己心灵的拓展。

生活中，我们与心灵匮乏的人往往没有什么可聊的，因为他们只关注穿衣吃饭，对自己的内在精神缺乏必要的认知。而真正的富足源于心灵的拓展，不拓展自己的心灵，只是延续着别人的生活模式，不仅不会让自己变富有，还会限制自我发展。

拓展心灵是自我发展的关键，更是打开内心世界的关键。明白了拓展心灵的重要性，就跟万事万物有了连接，内在世界就会被无限打开，就不会变得狭隘。

内心匮乏的人，永远看不到世界的丰富，只能局限于眼前的人或事物；只有内心真正富足的人，才懂得向环境学习，善用环境为自己创造更好的局面和发展。

成功者最重要的是拥有连接意识，这是自我成长的关键，也是让自己变得富有的关键。不活在自我贫穷的世界中，懂得向环境学习，就能扩大自己的视野和胸襟，打开自己，让自己充满智慧，创造一个丰盛的世界。

意识二：尊重自己，开发自己的潜能。

让自己变得更强大的过程，不是一个扔掉自己的过程，而是一个尊重自己的过程。越尊重自己，越能相信自我价值，而不被失败所阻碍。因此，想要变得富有，最重要的是尊重自己，发展自己的潜能。

尊重自己，是一种非常自信的内核，有了这种内核，我们更能相信自己，实现自我调整。心理学家发现，个人真正的强大来自发自内心地尊重自己，不看轻自己，更不会妄自菲薄。

尊重自己是一种对自我价值的肯定，即相信自我的人生有意义，通过自我的持续成长，走出一条路来。

发自内心尊重自己的人，懂得持续探索，可以看到自我的更多可能性，从而激发自己不断探索和向前，让自己的内在生命拥有更多的可能性。而不尊重自己的人，更容易随波逐流、自暴自弃，陷入无限的消极世界中去。

意识三：拥有灵活的视角，掌握多元认知。

要想让自己变得更富有，必须灵活处事，拥有多元的认知。自己的未来由自己的认知决定，个人内在的底层系统决定着自己拥有怎样的未来。

个人最终的成长，是持续超越自己现有认知的过程，越能超越现有的认知，越能突破生命的阶层和困扰，持续成长。困住我们的永远是有限的观点，而非我们的真实力量，每个人的成长潜能远比我们想象的强大，而掌握多元的视角和认知是破局的关键，更是变得富有的关键。

人世间的成长是一个向上学习、向下传递的过程，掌握了更高层级的认知，就会生出更强大的使命感，促进他人学习和改变。

我们掌握的视角和认知也是我们的财富优势，将这些财富优势和认知传递给更多人，我们的生命就会发生蜕变。

认知多元化，就能看到更广阔的世界，兼容这个世界，理解这个世界。从本质上说，每个人都是自我认知的产物，从他人的视角来看待别人的成长过程，或许就会知道别人为何会成为现在的样子；运用多元视角，就能从生命的源头看到对方经历过什么。

对生命的成长系统有了认知，也就实现了人心的掌控，也就可以带领别人成长和进步。真正的成功者都告别了内在的匮乏，并通过丰富的学习打破了阶层的困扰，持续研究人性的底层规律，拥有多元的视角，了解财富背后的秘密，掌握人生的主动权。

你的气场会吸引相同的人

气场虽然看不见，但力量巨大，就像万有引力一样。每个人身上的气场无时无刻不在影响着自己的财富人生。

这种气场是怎么形成的呢？你的观念、信仰、所处环境及你的朋友、呼吸和吃的食物等都会影响你的气场，之后气场便会形成你的气质、运气和命运。如果你的气质很好，外表精神，有修养、有道德，好的事情或好的运气就会被你吸引过来。相反，如果你的气场不好，没精神、萎靡不振、做事没效率，那么不好的事情就很可能会发生在你身上，往往干什么都不顺，甚至喝口凉水都会塞牙。更不能得到财富的青睐。

那么，哪些因素会影响我们的气场呢？

1. 意念场

你想什么，相信什么，就会有什么样的气场。

你的思想会吸引你想要的东西，如果你的思想是积极向上的，你的气场就是积极向上的，你就能吸引积极向上的人和事；如果你的思想是消极负面的，你的气场就是消极负面的，你就会吸引消极负面的人和事。因此，要想获得财富，就要保持积极正面的思想。

具有赚钱意识的人往往能够吸引财富，而具有贫穷意识的人通常只会引来贫穷。人体是一个敏感的信息场，无时无刻不在与外界的信息和能量进行交换。知道世间能量运行的法则，正确、积极、正面地运用你的思想，心脑合一、身心开放，将有助于你的财富的积累。

2. 爱的气场

超级富翁查尔斯·哈尼尔说过："如果想要获得爱，请试着了解，唯一可以得到爱的方法，就是付出爱。付出的越多，就能得到越多，而要给予爱的唯一方法，就是让自己充满爱，直到你成为爱的磁铁。"

爱，是最强大的气场，你给出的爱越多，积聚的爱的气场就越大，同时收获的爱也就越多。因此，我们不能只爱自己，更要爱周围所有的人，包括朋友、父母、爱人、亲人、同事甚至敌人。

爱能让不同的个体相互共振，即使彼此远在天涯，心也会在一起，一方有危险另一方就会知道，一方有爱另一方也能感知。比如，孩子遇到危险，妈妈可能会感到有些不舒服；某天你想起一个远方的朋友，这个朋友可能会突然打电话给你；相爱的人虽远在天涯，有时也会感知到对方的爱等。

吸引力法则告诉我们，你的思想是有气场的、有能量的、有吸引力的。因此，无论做任何事，都不要以为别人不知道，勿以善小而不为，勿以恶小而为之。付出就有回报，爱别人，别人才会爱你，帮助他人，他人才会帮助你。

每个人都只能遇到和自己能量相匹配的东西，这也是吸引力的秘密。拉开人与人之间差距的不是财富，而是能量。你想要获得财富，最好的办法就是将自己提升成一个充满正能量的人。

气场不仅包含自信，还有一份笃定与心安。气场强大的人，往往都有着较强的自信心和决断力，也容易拥有好运气。要想让自己的气场变得更为强大，就要坚持良好行为习惯的引导。

习惯一：冥想

坚持正念冥想，不仅能很好地帮助我们集中精神，还能让我们拥有更清醒的头脑。

很多时候，我们之所以无法有效地做出决策，大部分原因是接收的信息过多。而正念冥想，能够帮助我们找回内心的力量。心理学家发现，冥想可以改变大脑的运行结构，减轻我们的压力，让我们保持情绪稳定。心是一切的主宰，回归到内心，就是人最有力量的时候。

习惯二：敬业

稻盛和夫曾说过一句话："当你敬业的时候，其实就是周围能量与你的能量共振，这个时候往往也是你最具有创造力的时候。"现实中，很多人都低估了敬业的力量，其实每天做好手头工作，也可以提高自己的气场。

习惯三：反思

反思，也是有效提升气场的重要方法。通过反思，就能知道自己的行为是否违背初心，是否每天都在进步，是否每天都有所收获，能否更好地达成目标。曾国藩的日记大部分都是反省日志，他用这个习惯一点点改变了自己身上的陋习，逐步变得强大起来。可以说，如果没有养成反思的好习惯，湘军也无法成功逆袭。

习惯四：帮助他人

帮助他人也能提升我们的气场。

帮助他人是一种非常自然的习惯，心理学家发现，帮助他人具有治疗与疗愈的功能，能加强人际关系的连接，让人拥有更好的人缘。同时，在帮助他人的过程中，也能发现自己的价值，从而增强自信心。

帮助他人可以随时随地实施，这与你是否有钱没有多大关系，只与你的善意息息相关；帮助他人也没有时空的限制，随时随地都可以为他人提供帮助，增强自己内心的能量。

所有的财富是你积累的人品和善良

常言道："人贵在有德，方能行走天下，为人实在，不要心眼，今日吃亏，他日必有好报。"对于这句话，我深以为然。人活一世，最重要的就是人品和善良，同样财富的获得也是如此。

善良之种，会长出财富之果。未来的你能够获得多少财富，主要依赖于你播下的善种。

一百多年前的一个下午，在英国一个乡村，一个农夫救起一个溺水的英国贵公子。几天后，老贵族登门拜谢，但农夫拒绝了厚礼。他说，自己救人只是出于良心，并不图回报。

老贵族佩服他的德行，敬其善良、高尚，决定资助农夫的儿子去伦敦上学。农夫接受了，因为让儿子接受教育是他一直以来的梦想。

多年后，农夫的儿子从伦敦圣玛丽医学院毕业，后来他还发现了青霉素，荣获 1945 年诺贝尔生理学或医学奖，成为全世界家喻户晓的人物。他就是亚历山大·弗莱明。而那个贵公子，在"二战"期间患上了肺炎，并最终依靠青霉素得以痊愈，这个贵公子就是丘吉尔。

无论是老农夫，还是老贵族，都因自己的善良之举给自己的后代甚至国家积下了福报。善良之人，行善良之举，怀有一颗善良之心，并不想着日后有何回报，一善之举，就能德泽四方。

生命中的所有遇见，都会受到能量的影响，如个人是否开心，家庭是否和睦等，都是由能量决定。

如果一个人的"德"比"得"高，那么得到的极有可能就更多。相反，如果他们的"得"比"德"高，那么他也很有可能会面临失去，甚至灾难

孔子曾对学生说过："子欲为事，先为人圣。"品行端正的人，为人善良，做事靠谱，不仅能赢得他人的尊重，也能收获更多帮助。若想获得财富，首先要提高自己的品质修为，世间唯人品可立一世。

个人品行好，才能去做更多的事，才能获得更多的财富，让自己生活得更美好。财富，从来不是靠名利、财富和地位求来的，而是靠自身的人品积攒的。做人，只要品行与能力相辅相成，做事更容易顺风顺水，人生也能行稳致远，财富也能稳步增长。

多次行善，就能慢慢养成习惯，继而你会发现，那不仅是善，更是一件快乐的事。将行善变成一种快乐，积微善，成大德，聚大财。

人有善念，天必佑之。这个天，就是你周围的环境和人。生活自有其规律，要想获得财富，就不能被私心、贪欲所左右，而要一直善良下去，只问自心，不问得失。

要始终相信，善是人性中蕴藏的最柔软、最有力量的情怀。不管如何艰难，我们都应该坚持善良；不管多么孤独，我们也要坚守高尚的人格。

让爱成为你获得财富过程中的主导力量

改变对金钱的感受，生命中的财富数量就会产生变化。你对财富的感觉越好，就越能为自己吸引更多的财富。

如果你的财务状况不好，那么在收到账单时，你的感觉一定不会太好。要改变自己的感受，必须依靠想象力将你的账单变成某种让你感觉较好的事物。你可以想象它们其实根本不是账单，而是因为你得到了很好的服务，你才决定将钱支付给提供这项服务的公司或个人。

把账单想象成你收到的支票，或对寄给你账单的公司表达感恩。想想你从他们的服务中得到的好处，如有电可用或有房子可住等。之后，付账时就可以在账单的正面写下："感谢你，已付清。"

每次拿到薪水时，要对支付者表示感恩。得到别人付给的薪水，你却感受不到这是一种美好，就会错失拿到薪水时表达爱的美妙机会。因此，当金钱到达你手中时，无论金额多少，都要心存感恩。

将财富看得比爱重要，就违反了爱的吸引力法则，你也要承担相应的后果。要将爱当作你生命的主导力量，不要让其他任何事物凌驾于它。

虽然财富是你可以使用的一种工具，但要想使用它，就必须将爱融入其中。看重财富而忽视了爱，你就很可能接收到一大堆负面事物。一边期望用爱兑换财富，一边又粗鲁无礼地对待别人，负能量就会进入到你的人际关系、健康、快乐和财务状况中。

1. 爱能留住财富

拥有美好人生的人，多数都不知道，自己到底做了什么事，才拥有这样的财富，但他们一定是做对了某件事。其实，是因为他们使用了爱的力量，而这股力量正是生命中所有美好事物发生的原因。比如，财富。

2. 爱能吸引财富

当你被喜爱的食物吸引时，就对那个食物产生了爱；如果没有吸引力，你便不会有任何感觉，所有食物对你来说都一样。

生命中的一切都跟你的感觉有关。你想要健康，是因为健康的感觉很好，而生病的感觉不好；你想要金钱，是因为金钱能买到你喜欢的东西，能帮你完成你喜欢的事，让你的感觉很好；而当你买不起或做不到时，就会涌现不好的感受。

附：爱的经典法则

相遇时爱体现为欣喜，

相识时爱体现为关注，

相恋时爱体现为亲密，

相处时爱体现为尊重，

相知时爱体现为欣赏，

共事时爱体现为信任，

交往时爱体现为关怀，

挫败时爱体现为鼓励，

失误时爱体现为宽恕，

冲突时爱体现为包容，

动怒时爱体现为克制，

受伤时爱体现为宽慰，

分歧时爱体现为沟通，

沟通时爱体现为坦诚，

交流时爱体现为理解，

理解时爱体现为认同，

肯定时爱体现为赞叹，

愉悦时爱体现为欢喜，

投机时爱体现为亲近，

亲近时爱体现为温柔，

回忆时爱体现为思念，

思念时爱体现为祝愿，

紧张时爱体现为舒缓，

冷淡时爱体现为热忱，

严肃时爱体现为幽默，

富足时爱体现为奉献，

失控时爱体现为自律，

无奈时爱体现为忍受，

动荡时爱体现为安定，

懈怠时爱体现为勤进，

迷惑时爱体现为智慧，

离别时爱体现为不舍，

不舍时爱体现为珍惜，

祈祷时爱体现为祝福，

收获时爱体现为感恩。

和谁在一起真的很重要

俗话说"远亲不如近邻""近朱者赤，近墨者黑"。平时接触什么样的人，大多会成为什么样的人。比如，你整天跟不良青年在一起，就容易沾染一些不良习气。如果你接触的都是一些正能量的人，我们的思想境界也会在耳濡目染中不断提高，修养和学识也会提高，更会逐渐提升自己的赚钱能力。

祖孙俩走在街上，路过咸鱼店时，老人对孙子说："你摸一摸拴鱼的草绳，闻闻是什么味道。"孙子闻了闻，说："腥臭难闻。"过了一会儿，两人又路过一家香料店，老人对孙子说："你摸一摸包香料的纸，闻闻是什么味道。"孙子闻完说："芬芳扑鼻。"听了孙子的回答，老人说："结交朋友也是这样，如果交到坏朋友，便会沾染坏习惯，学到坏行为；要是交到好朋友，就会学到好习惯和好行为。"

无独有偶。有个人想戒烟，但自制力不够强，总是反反复复，没法彻底戒掉。有一天他去找医生，诉说了自己的苦恼。医生听完后，写了张纸条给他，纸条上只有一句话：去探望一个戒了烟的朋友，早、中、晚各一次。这个人很纳闷，这算什么办法。看着他疑惑的样子，医生说："没有什么药比一个朋友的良性影响更有效了。"这个人半信半疑地试了试，没想到几个月之后，他真的戒烟成功了。

可见，人和人之间确实会相互影响。

古人云："与善人居，如入芝兰之室，久而不闻其香，即与之化矣；与不善人居，如入鲍鱼之肆，久而不闻其臭，亦与之化矣。"我们的人生怎么样，和身边的人大有关系。

从某种意义上说，人生的所有得失祸福，都是生命能量根据能量守恒定律进行转化的一种现象。要想维持能量，就要多关注付出了多少，不能仅关注获得了多少。在生命中，付出的爱越多，智慧就越多；智慧越多，能量也就越多。当你身上充满了能量时，财富也会慢慢靠近你。

每个人的身上都带有能量，健康、积极、乐观的人带有正能量，跟这些人交往，就能获得正能量，感受到那种快乐向上的感觉，让人觉得"活着是一件很值得、很舒服、很有趣的事情"。他们身上散发着一种很强的磁场：超一流的口才，积极向上的气质，永不言败的意念等。不管在任何地方，他们都能成为众人关注的中心和焦点，更具说服力，更能赢得他人的认可。悲观、消极、绝望、自私、贪婪的人则刚好相反。

就像飞蛾趋光，人们都喜欢光明快乐，跟正能量的人交往，就会觉得不开心的事情也只是生命中的一个小插曲，没什么大不了的，未来还是光明而有希望的，生活是有滋味的。人们都喜欢并愿意和这样的人交往，跟这样的人做生意，自然也就更容易积累财富，没有什么困难会把他打倒。

总是看到自己的不足，对未来悲观绝望，一边固守现状一边抱怨生活而不敢改变，认为改变后可能还不如现在……这样的人只会传递负能量，会影响他人的心境，除非自己有足够的意志力，一般人都不愿意跟充满负能量的人交朋友。由此可以看出，充满负能量的人就是一个绝缘体，不仅会隔绝朋友，更会隔绝财富。

可见，接触不同能量的人会给自己带来不一样的影响，接触优秀的人越多，我们也会变得越来越优秀。优秀的人会重塑我们的价值观，令我们拥有正确的思维方式。而在与他们相处的方式里，往往暗藏着我们的财富轨迹。

1. 靠近比自己优秀的人

荀子曰："与凤凰同飞，必是俊鸟；与虎狼同行，必是猛兽。"一个人能取得多大的成就，能走多远的路，关键就看他与谁同行。

喜好读书的人，与不学无术的人在一起，也会染上游手好闲的恶习，视书籍为草芥；努力上进的人，与碌碌无为的人在一起，也会变得懒散颓废，将奋斗视作敝屣。与庸碌的人为伴，会埋没本可优秀的你；与胜己者同行，才会造就更出色的你。

不同的环境，培养了不同的习性。越是优秀的人，越喜欢向优秀的人靠近。所以，个人想要成长，想要提高财商，就要远离平庸的圈子，靠近优秀的阶层。

2. 跟品德高尚的人来往

品德高尚的人，不仅自身温良谦恭，其光芒还能照拂他人。

1933年，钱钟书从清华大学毕业，学校希望他继续攻读研究生，但他一口拒绝了："整个清华，没一个教授够资格当钱某人的导师。"后来，他出国留学，回国后28岁就当上了西南联大外文系教授，可他依然特立独行，对其他教授极尽讽刺，这其中也包括他的恩师吴宓。但吴宓并没有为难他，而是感叹道："钱钟书乃人中之龙，其余如你我之辈，不过都是些普通人。"

吴宓是著名的国学大师，是"中国比较文学之父"。在他的包容和影响下，钱钟书意识到了自己的狂妄，逐渐收敛起锋芒。此后，他高调做学问，低调做人，为世人留下了许多不朽的著作。

好的环境，可以让水变得干净明澈。同样，与厚德之人同行，你也会被他们的精神和品质所感染，不知不觉地向他们看齐。有句话说得好："择善人而交，择君子而处。"选择与君子为伍，成就的是品行，成全的是人生，得到的是财富。

3. 跟敢于说真话的人相交

正直的人，真诚坦率，不会阿谀奉承，反而会因为关心朋友而直言不讳。遇到这样的人，要主动跟他们结交。

王阳明 12 岁时，在私塾结交了同窗李醴。有一次，他们外出游玩，途中遇到了一名旅人，三人相谈甚欢，于是结伴同行。

在客栈休息时，王阳明听到窗外有动静，起身前去察看。慌乱间，他将随身的钱袋落在了桌子上。李醴发现后，严肃地对他说："一次两次可以说是粗心，次次如此便是陋习，一定得改。"一旁的旅人笑着说："成大事者不拘小节，这是小毛病，不用太过计较。"

事后，王阳明向私塾先生抱怨："李醴为何不如旅人那般友好？"先生解释道："旅人与你偶然相遇，并不是你真正的朋友，李醴却是。他宁愿得罪你，也要指出你的缺点，让你变得更好。"

在我们的一生中，会遇到许多人，对你和颜悦色的人未必真心，对你严苛的人才是难得。在你得意忘形时，真正的朋友或许不会用力喝彩，但一定会提醒你戒骄戒躁；在你心生杂念时，关心你的朋友不会从旁附和吹捧，但一定会劝诫你心向正道。正如荀子所言："士有诤友，不行不义。"朋友不在多，拥有一个正直的朋友，便是一辈子的福气，还能给你带来源源不断的财富。

4. 与有趣的人一起玩

有趣，是人性最高的境界，也最是难得。

宋朝宰相晏殊，不苟言笑，为政事操碎了心。与张亢、王琪两位好友在一起时，却会被他们营造的轻松氛围所感染，因他们滑稽的举动而开怀。

一天，三人在酒肆闲聊，王琪忽然指着张亢说："张亢触墙成八字。"八字形如牛角，王琪取笑张亢体壮如牛。

张亢听后，立刻回敬道："王琪望月叫三声。"王琪体形瘦弱，张亢揶揄他像一只猿猴。

在一旁"隔岸观火"的晏殊，见两人不分伯仲，笑得前仰后合。

古往今来，越厉害的人，越童心未泯。他们灵魂丰富，心性天真，活得通透自如。他们不计较，不纠缠，不执着，不功利。处世，能乐天知命，顺应自然；为人，能包罗万象，随遇而安。与他们在一起，你会不自觉地放下包袱，心态会变得愈加平和放松，忘却烦恼，感知生活的美好，感受到财富的临近。

第五章
做情绪的掌控者，
更易获得财富

不能控制情绪，会完全丧失自我

《醒世恒言》中说："不如意事常八九，可与人言无二三。"生活中，我们难免会遇到不顺心的事，也无人能分享和分担。于是，有人愤愤不平，甚至因一时冲动酿成惨剧；有人郁结于心，不停地内耗自伤；有人心烦意乱，整日活得浑浑噩噩。只有控制好情绪，才能不困于心、不乱于情，自在安然地获取财富。

情绪就像是一颗能够摧毁一切的炸弹，随时都可能爆炸，在你愤怒的瞬间，让你的智商降低为零。控制不住自己情绪的人，即使能力再强，也无法获得可持续发展，更不能获得财富。

不能控制自己情绪的人，犹如大海上被狂风巨浪肆虐的一叶扁舟，会完全丧失自我。如果你能驾驭情绪，就会像一位经验丰富的船长，化险为夷。

随意让情绪"喷"出来而不能自控，会让你与财富无缘；如果缺乏自制和忍耐，你的生活也会是一团乱麻，财富的获取之路也会充满波折。控制不好情绪，情绪就会反过来控制你的财富，让你的财富跟随你的情绪而出现起伏波动。

事从容则有余味，人从容则有余年。从容淡定，不仅能体现一个人的境界和胸怀，还有助于财富的获得，而这一点，只有真正成熟的人才能做到。

情绪是把双刃剑。消极的情绪能一步一步地把你拉向深渊，使你逐渐远离财富；而积极的情绪，即使你身陷泥潭，也能把你拉上来，让你感受财富带来的快乐与充实。要想获得足够的财富，出现情绪变化时，就不要听之任之，要积极主动地控制好。

1. 用沉默来应对生气

《格言联璧》中有言："怒是猛虎，欲是深渊。"一个人生气的时候，会像猛虎出笼，伤人也伤己。更何况，生气时还容易被情绪左右，不仅说话伤人、做事后悔，还会给自己惹一身麻烦。在追求财富的过程中，情绪出现波动时，要懂得克制，保持沉默，等到情绪平复、理智回归时再做决定。做到了这一点，很多的矛盾和难题都会迎刃而解。

《菜根谭》中说："心和气平者，百福自集。"学会控制情绪，生气时保持沉默，是最佳的处世方式，福气会不请自来，财富也是如此。

当然，沉默并不是懦弱与胆怯，而是宽容和大度，是人生的大智慧。唯有懂得适时沉默，控制好自己的情绪，不被怒气裹挟，才能成为财富的掌控者。

2. 用运动来化解难过

追求财富的过程，创伤常有，难过也常有，一味地痛苦难过，只会击垮你的身体，消磨你的心志。唯有自我调节、自我修复，才能拥有源源不断的内在动力，无惧前面的风雨。

运动，是最好的良药，只要坚持下去，就可以治愈许多的难过和苦痛。有位女孩跟相恋五年的男友分手了，她感到非常难过，这时又接到了父亲突然离世的消息，一连串的打击让她变得意志消沉，郁郁寡欢。

为了把自己从深渊中拉出来，她开始运动健身。她每天在健身房待两个小时以上，跑步、仰卧起坐、俯卧撑、举哑铃……爱上运动的她不仅身体变好了，也不再感到孤独和抑郁了。

作家村上春树说："当受到别人的责难时，抑或觉得委屈时，我总是能比平日跑得更远一些。"运动，除了能够锻炼身体外，还能消耗掉内心的负面情绪，让人变得更加自信和强大。所以，遇到了难题，就出去运动！在日复一日的坚持中，用有限的精力去打造不屈的意志，进而强大自己的身心。

3. 用书籍消除烦恼

当我们心烦意乱、静不下心时，就会变得不知何去何从，更无法获得财富。可很多时候，人之所以会陷入狭隘的迷茫和烦恼之中，根本原因就是读书太少。

读书是用最低廉的成本获取最高级的成长，读书能够解你闭塞，除你心忧。它的益处也许不会立竿见影，但一定可以在潜移默化中帮你成为更好的自己。在不断的阅读中，我们可以明心见性，得到更多的从容和快乐，这样一来，财富之路也会顺畅很多。

情绪稳定的人，更受财富青睐

成功者的最大能力就是控制自己的情绪。

在寻找财富的道路上，最大的敌人与障碍就是不能很好地控制自己的情绪。但大量的事实告诉我们，愤怒时不能及时制怒，很容易让合作者与贵人望而却步。

越是成功的人，越懂得情绪管理的重要性，他们都是管理情绪的高手。他们知道，情绪化不仅解决不了任何问题，还会使事情进一步恶化，甚至会变得更加糟糕。

有人问："你认为，要想获得财富，最重要的能力是什么？"

结果，多数人都不约而同地答道："控制情绪的能力。"

情绪与我们如影随形，不仅会对我们的生活和工作产生重大影响，更会影响我们的财富水平。

现实中，那些所谓的成功人士、商界大佬，看上去永远都是云淡风轻，运筹帷幄。在他们身上，很少看到极端、负面的情绪外露。不是因为他们天生就脾气好，对事情充满钝感、不会计较，而是他们懂得如何控制自己的情绪。

在职场上打拼，很多人都知道情商很重要，但很少有人知道

"情绪稳定"是情商中最基础、最重要的一环，无法控制自己的情绪，即使财富在你面前，你也得不到它。

李茹是一家自媒体平台的商务总监，手下有几个商务专员，专门负责为公司拉广告、对接客户。其中，小姚最能干。她生性爽朗、能说会道，深谙种种谈判技巧，每次和客户谈判，总能以最宽松的条件谈到最高报价，公司近一半的业务都是靠她撑着的，她也获得了不菲的收入。

然而，小姚有个缺点，就是只要遇到压力，就容易情绪失控。有时候和客户谈着谈着，只要对方语气强硬一些，她就忍不住大吵大闹，客户对她不满，合作自然就无法谈成。

有一次，新客户周总过来公司说要投放一个广告，李茹便把对接工作交给了小姚。小姚介绍了公司优势，周总虽然有点儿动心，但因为不了解小姚的能力，言辞中带了些迟疑。

小姚发挥自己的特长，打消了周总的疑虑。结果，临签合同时，周总突然发来消息："我们计划有变，下次再合作。"

这让小姚很生气，她觉得自己已经沟通了这么久，你说不合作就不合作了，这不是太过分了吗？一气之下，她回复周总："就知道你们这么不靠谱。"然后，把对方拉黑了。

一小时后，老客户张总直接打电话给李茹，开口就说："你们是不是疯了？"原来，周总看到张总和李茹合作多年，效果不错，就请张总为其介绍，而周总确实想找李茹的公司投放广告，只是总公司计划有变，合作也只好暂时搁浅。事实上周总对李茹公司很满意，虽然这次不能合作，但下次还是会主动找这家公司。但没想到小姚却对他发脾气，这让他非常恼火，就把事情的来龙去脉告诉了张总，这让张总觉得很没面子。

了解了情况后，李茹费尽口舌，才安慰好张总，接着又打电话给周总，又是道歉又是承诺以后如有合作一定打折，周总这才答应下次再合作。

小姚知道自己闯了祸，可怜巴巴地跟李茹道歉，说自己是一时没控制住情绪，下次一定不会了。李茹觉得，年轻人一时控制不住情绪也能体谅，于是没再追究。没想到，类似的情况却再一次发生。

一次外出拍摄广告片，小姚看到场地不达标，当场爆发，不仅痛骂摄影师不专业，还贬低客户那边的统筹，甚至还甩下一句"这还拍什么拍，不拍了"，并当场走人。这直接影响到了后续工作流程的开展。

李茹忍痛割爱，打算开除小姚。小姚又过来求饶，李茹这次没再心软，只是轻轻地对小姚说："人有情绪是本能，但能控制情绪那才是本事。发脾气谁都会，但能把脾气压下来，把问题解决好才是能人所不能。"

职场中从来没有"顺利"二字，多的是让你猝不及防的意外，不懂得控制自己的情绪，当意外发生时，就容易被负面情绪淹没，让事态恶化，影响自己的财富获取之路。

情绪不稳定的人，无论他多有能力，都不可能获得财富，因为情绪是"1"，其他是"0"，控制情绪是最基本的能力。没有这个能力做基础，即使财富再多，也会被自己的情绪毁掉。

如果你总是喜怒无常，就会破坏他人对你的信任，让大家对你避而远之。而真正成功的人至少会做两件事：控制自己的情绪，寻找解决问题的办法。

俗话说："刚者易折，柔则长存。"在追求财富的道路上，我们都应该完善自己，不断成长，并控制好自己的情绪。无论境况多么糟糕，都应该努力调整情绪，把自己从不良情绪的深渊中拯救出来。

个人情绪稳定的背后，是实力、格局，更是个人不断的自我提升。能控制好自己的情绪，持续成长，确定清晰的人生奋斗目标，开发内在无限的创造潜能，才能成为一个富有的人。因此，无论境况多么糟糕，都要控制好自己的情绪。

1. 接纳消极情绪，不逃离

觉察到自己有了消极的想法或情绪时，要注意此时你的躯体感觉是什么，以及随着这感觉又产生了哪些新情绪。这时候，要与当前的情绪共处，如焦虑、恐惧、愤怒和内疚等，客观对待，不要试图阻止它，更不能一把将它推开，只做自己体验的观察者。

2. 识别你感觉到的情绪

首先，要正确标记它；其次，要正确表达它。个性化的语言，更容易取得好的效果。比如，说"哦，此刻我内心升起的感觉是恐惧"比说"我害怕"更好。也可以尝试用天气语言来描述内心的感受，如晴天、艳阳高照、乌云密布、晴转多云等。

3. 放弃想要控制自己的想法

情绪调节既不是要扼杀、阻止或避免不良情绪，也不是要掌控它，而是要放弃想要控制自己的想法，保持正念，接纳它，与其共存。

4. 学会判别扭曲的认知

偏见、灾难化等属于扭曲的认知。如果你也有这样的扭曲认知，可以练习正向思考，提高对这些认知的认识。当然，之后采取适当的行动也至关重要。

5. 给负面情绪留出一定时间

一旦出现了负面情绪，在接下来的一段时间里，就要给负面情绪留出一定的时间，允许自己暂时思考或感受这些情绪，但时间要是合理的、短暂的、有限制的。

6. 呼吸、暂停和谨慎地回应

出现了消极情绪时，不要过度反刍，更不要冲动行事，要专注于自己的呼吸，暂停行动并等待，直到自己冷静下来，然后再采取适当的行动，做出有意识的反应。

坏情绪是财富的杀手

人体拥有一套精密的免疫系统，这里说的免疫系统，除了医学上所说的狭义的免疫能力，还包含自我诊断、人体资源管理、自我修复及再生。当我们产生各种情绪的时候，最先被攻击到的是身体的免疫系统。

事实证明，70% 以上的人会以攻击自己身体器官的方式来消化情绪，而这也是导致出现病症的原因之一。

不同情绪会攻击不同的器官，你所隐匿的所有情绪都会以另一种形式反映在你的身体状态中。为了证明这个观点，有人做过一个实验：工作人员将猴子吊起来，用电吓唬它，并未真正电击，只是使猴子一直处于焦虑不安的情绪中。不久；猴子便得了胃溃疡。

从医学角度来说，也确实如此。用胃镜、X 光、脑电图成像及生化化验对胃病的病理机制进行研究，发现胃病的发生与大脑皮层的过度兴奋或抑制、自主神经功能紊乱密切相关。有研究还表明，导致免疫系统出现问题的情绪排名，排在前七名的情绪依次是：生气、悲伤、恐惧、忧郁、敌意、猜疑及季节性失控。如果你突然对谁都想发火，感觉身体、家庭、工作都不顺，一定要引起注意，可能你已经中了情绪的毒，阻挡住了你获取财富的路。

1. 负面情绪是身体最大的"杀手"

情绪的毒虽无色无味，但却可以渗透到五脏六腑，不仅会毒害你的身体，还会影响家庭，甚至毁掉你的大好前程。比如，家庭关系一直很糟，煎熬、抑郁和伤痛等负面情绪就会沉淀在你的身体里。

有位女士婚后一直都跟公婆住在一起，虽然丈夫一家对她还不错，但她非常希望有自己的空间。她跟丈夫提过几次想搬出公婆的家，都遭到拒绝。后来，她慢慢不再提这件事了。一年后，她在毫无征兆的情形下得了肺癌，检查出来的时候已经到了晚期。她不得不向单位提出了离职。

公婆都很关心她，除了接受西医治疗外，还帮她找了一位著名的心理医生。心理医生对她进行催眠治疗，问她："这辈子最大的心愿是什么？"

她平静地说出自己的心愿："我希望有一个自己的家，只跟丈夫、儿女在一起，不用很大，不用很久，几个月就好。"心理医生发现她说这些的时候，嘴角滑过一抹连她自己都没有察觉到的微笑。

有人曾说："一个失落的灵魂能很快杀死你，远比细菌快得多。"人们只喜欢愉悦、快乐的情绪，而把悲伤、恐惧等负面情绪压抑下来。但委屈、憋屈和压力等全都累积在身体里，终有一天，只要遭遇一场风暴，就有可能带走你的财富甚至性命。

2.70% 的疾病与负面情绪有关

不同情绪会攻击不同的器官。比如，紧张、压力等多半会引发肠胃疾病；常感到生活不如意而又好强的人，容易患偏头痛；优柔寡断而又缺乏自信的人，通常会得糖尿病。

同样，负面情绪还会引发各类疾病。以女性为例，生气不消，易得乳腺增生；长期郁积，易患乳腺癌；忽视女性身份，会影响卵巢健康、例假紊乱；夫妻感情不和者，易被妇科疾病纠缠。

3. 身体不适是内心发出的求救信号

有些人经常说"气死我了""压力好大""心有不甘"等话，其实正是负面情绪在作祟。千万不要忽略那些隐藏在情绪底层的巨大疮口。

生气会让人的感觉失控，身体会自动释放出大量有损呼吸系统的因子。

焦虑会让人的身体进入到空铁壶干烧的状态，一点点消磨掉人的心力。

压力会让人沮丧，像一只看不见的手，捂住人的脸，虽然能透过五指看见灰色的天空，却有透不过气的感觉。

身体是不会说谎的，它忠实地帮我们储存所有的情绪。出现负面情绪，其实就是身体在提醒我们：要真实面对自己真正的需求，妥善处理，并相信自己的能力。

4. 情绪稳定是最好的养生

有位富翁得了怪病，吃了很多药都无济于事。他变得焦躁不安，惶惶不可终日，觉得自己将不久于人世，感到很难过。

富翁向一位隐居的名医请教。名医为他把脉诊断后，说："这病要治也简单，你只需每天到一处安静的沙滩，躺下半小时，连续一个月时间。"

富翁虽然半信半疑，但依然照做，结果每次一躺就是两个小时。他平时很忙，从来没有这么舒服过。吹着风，听着海浪声和海鸥的鸣叫，不安的情绪逐渐稳定，彻底放下了商场的心计，不再争强好胜，忘记了世俗的烦扰。

一个月后，回到家的富翁感到全身舒畅，情绪稳定，静如止水，病也慢慢好了。

情绪就像是一把双刃剑，良好的情绪会为你赶走阴霾，而恶劣的情绪则会推着你走向深渊。情绪稳定，是一个人最好的养生。为了一件小事而大发雷霆，为了一次误解而深陷悲伤，为了一个批评而自我怀疑，实在是于己无益、于事无补。终日被负面情绪所扰，财富也将渐渐离你而去。

有了好脾气、好心情，才能得大财

人生，不是用来生气的。

有位禅师非常喜爱兰花，他也种了许多名贵的品种，平时讲经说法之余，总是悉心照顾兰花，甚至到了爱之如命的地步。

一天，禅师要外出云游一段时间，临行前交代弟子要好好照顾寺里的兰花。弟子保证，一定会好好看护。

但理想很丰满，现实很骨感。这天，弟子浇水时不小心把兰花架绊倒了，花盆全都跌碎，兰花散落一地。他吓坏了，心想："师父回来看到心爱的兰花这番景象，不知道要多生气。"

禅师回来后，弟子立刻跪在师父面前，请求责罚。没想到，禅师一点儿也没有生气，反而温和地安慰他说："我养兰花，不是为了生气。世事无常，转瞬即逝，世间一切，都有生有灭，不会永存。所以，不要被外物的得失而影响心情，随缘安心，这才是禅者应有的境界。"

人生在世，追求的是快乐喜悦，而不是生气烦恼。每个人的一生都非常短暂，为什么不活得快乐、潇洒一点儿？遇到不如意，一笑而过，开心地过好每一天，才是追求财富应有的态度。

1. 脾气好，凡事就会好

遇到问题时，要先解决心情，再解决事情。如果连脾气都控制不了，即使给你整个世界，早晚也会被你毁掉。

1922年，梁启超应苏州学术界邀请做演讲。演讲开始时，他先做出了解释，说他虽在南京讲学，但南京天天有功课，不能分身前来；再加上身体原因，导致演讲时间不能过长。他请求大家谅解。

梁启超脾气好，待人和蔼，人缘自然也不差，人们纷纷表示理解。

只要脾气好，凡事就会好。有个好脾气，人生肯定差不到哪去，财富也不会差到哪里去。管理不好自己的脾气，财气和运气都将溜走。

2. 有修养，没脾气

脾气是外现的，修养是内在的。你的脾气里，藏着你的修养。

许多时候，评价一个人是否有修养，很重要的一条，就是看脾气的好坏。

有些性情蛮横的人，总以为只要向别人发了脾气就能解决问题，实际上脾气大的人，本事却不大，正因为本事不大，所以才企图通过发脾气把对方震慑住。

在追求财富的过程中，坏脾气并不能解决实际问题，事实上无法控制情绪且爱发脾气的人，其实就是修养不够。

当然，修养既不是学历高也不是姿态高，而是与人交往时的和颜悦色，待人接物时的和蔼可亲，为人处世时的宽厚仁德。一个有修养的人，懂得控制自己的脾气，会给别人留退路，不会用声音压人，他们会用一种轻松、调侃的方式，化戾气为祥和，化危机为生机。

只有努力之后才有资格谈运气，因为运气的背后是付出的辛勤与血泪；只有控制脾气才有资格谈财富，因为脾气的背后闪耀的是你的修养与品格光辉。

找到移除痛苦的杠杆，把自己释放出来

把自己的痛苦发泄出来，痛苦就会自然地掌握在自己手中。但对于痛苦的过程，个人必须以自己的方式去承受。因为要想医好心灵的创伤，最重要的就是要积极采取行动，而这种行动也就是对痛苦的控制和利用。

对痛苦的控制共有两种方法：一是摆脱，二是引导。摆脱痛苦最成功的办法就是寻找慰藉和转移注意力。但摆脱痛苦需要时间，痛苦必须用时间去克服，至于时间的长短，则要看痛苦的程度和情形。不管是哪种情况，对身处痛苦之中的人抱有不切实际的期望，认为自己能够驱逐诸如失眠、焦虑、恐惧、愤怒和自疑等痛苦症状，都会使自己感到彷徨、内疚和失去自信，令痛苦的过程变得更加长久、更加难以结束。

痛苦的极致是解脱。对于痛苦来说，获得解放的路径，也就是脱离痛苦的路径。所以，痛苦阶段就是一切行动将完结的时刻，新生的力量会给我们带来莫大的支持和帮助，而这正是合理引导痛苦的结果。

痛苦是一种财富，我们能够通过自己的努力合理地控制和利用它，给自己的人生以鼓舞和动力。痛苦的情绪对健康是十分有害的，一定要努力去疏导和排解。

1. 放声大哭

排解痛苦情绪最简单的方法就是使之得以发泄。比如，受了委屈或沉浸在悲痛中时，只要痛痛快快地哭一场，就会感到缓解抑郁、忧愁和悲恸，颇有轻松之感。

放声大哭确实是一种排解不良情绪的好方法，内心有不良情绪时，"哭"比"笑"往往更有奇效。研究者对眼泪的成分进行分析后发现，感情冲动时流出的眼泪其化学性质与眼部受机械刺激时流出的眼泪是不同的，前者中含有更多的蛋白质。哭，不仅是机体对有害物质的一种自我调控功能，还能哭出烦闷、抑郁和悲痛，使人心情变得舒畅。

2. 找人倾诉

广交知心朋友，扩大社会交往范围，建立良好的人际关系，是医治痛苦的良药。比如，在职场中遭到挫折、该拿的提成没有得到，怒从心头起，或心中泛起阵阵愁云时，要先冷静下来，控制自己的感情；然后，找到诚恳、乐观的知心朋友或亲人倾诉自己的苦衷。从他们的开导、劝告、同情和安慰中得到力量和支持。另外，写诗作赋、撰写文章，抒发自己的情感，也是疏解苦闷的有效方法。

3. 保持良好而稳定的心理状态

排除痛苦的最佳办法是保持良好而稳定的心理状态，用顽强的意志战胜痛苦的干扰，保持良好的心境。遇到烦恼时，要自解自劝，用理智战胜自己遭遇的不幸。

任何理智和情感都可以化为行动的动力，无论是愉快、满意的情感，还是悲痛、不快的情感，都能激励你去工作和学习。事实证明，胸有大志、毅力坚强的人，能够有意识地控制和调节自己的痛苦，保持良好的精神状态。

4. 转移化解

痛苦情绪的产生都离不开环境，有时要避免接触强烈的环境刺激，但最好是学会情绪的积极转移，即通过自我疏导，将痛苦转变为积极情绪。比如，遇到烦恼时，如果你爱好文艺，不妨去听听音乐、跳跳舞；如果你喜欢体育运动，可以去打打球、游游泳等，松弛一下紧绷的神经；或者观赏一场幽默的相声、哑剧、滑稽电影等；如果你天生好静，也可以读读内容轻松愉快、饶有风趣的小说和刊物。

总之，根据自己的兴趣和爱好，选择自己喜爱的活动，可以舒体宽怀，消忧排愁，怡养心神。

此外，当你心情不快、痛苦不解时，也可以漫步在绿树成荫的林荫大道或视野开阔的海边；还可以进行短期旅游，让自己置身于绚丽多彩的自然美景中，陶醉在蓝天白云、碧波荡漾、花香鸟语的自然怀抱里。大自然可使你舒畅气机，忘却忧烦，寄托情怀，美化心灵。

第六章
获得财富的秘诀：
为生活做减法，为生命做加法

"断舍离"：断绝不需要的，舍弃不必要的

在追求财富的道路上，要懂得"断舍离"，舍弃一些不必要的东西，让自己轻松上阵。

所谓"断舍离"，就是断绝不需要的，舍弃不必要的，脱离物欲的执念。因为以人为中心，让物归位，让物流动，才能不为物所役，让精神得到自由流淌的空间，从这个意义上来说，"断舍离"不是物质的加减，而是精神的精简。

事实证明，只要懂得"断舍离"，就能获得更多的内在幸福感，增加个人的财富体验。那么，如何才能做到"断舍离"呢？主要包括三项内容。

1. 不做自己无法完成的事

有一则颇有意思的寓言故事是这样讲的：

市场上，一头毛驴被买走。毛驴觉得自己遇到了一个好主人，发誓要好好报答他。

第一天，主人将两袋米放到毛驴背上，然后拉着它上路了。毛驴喜滋滋地驮着米，轻松地送到了客户那里。

第二天，主人在毛驴背上放了五袋米，问它能不能扛得住。毛

驴兴高采烈地表示："没问题。"它驮着米袋到达了目的地。

第三天，主人将放到毛驴背上的米增加到了八袋，然后问它："会不会太重了？"毛驴虽然觉得有些吃不消，但还是逞能地说："没问题。"然后，将这些米送到了客户那里。虽然有点儿累，但它觉得很值得。

第四天，毛驴背上的米变成了十袋，这超出了它所能承受的重量。主人再三跟它确认，不行就不要勉强，但毛驴还是逞强地背着米袋上路了。结果，刚走了一半路程，毛驴就坚持不住了，倒地不起。

毛驴的最终结局告诫我们：当我们没有能力做某件事时，一定不要勉强。

坚持到底，是众所皆知的成功法则；可是，盲目地坚持，只会自讨苦吃。我们必须明白，在这个世界上，很多事情都让我们无能为力，我们能做的就是当断则断。

人活于世，一定要立足于现实，很多事情不是你想不想，而是你能不能。做不到的事情就不要勉强，已成定局的事情就无须后悔。学会放弃，断去那些不切实际的妄念，才能脚踏实地，步履坚定。跟咬着牙死扛到底比起来，适时地放弃和认输，换一条路走，换一种活法，或许才更有利于事情的发展。

2. 主动舍弃跟自己无缘的人

知乎上曾出现过一个话题："两人在一起七年，不爱了，放弃，可惜吗？"感情这种事，讲究的是缘分。缘来则聚，缘灭则散，如果无缘相守到老，不如早日做出决断。

萧红曾与才华横溢的萧军有过一段轰轰烈烈的爱恋。两人刚认识时，萧红正处于人生的低谷期，萧军的出现让她看到了亮光，她觉得遇到了自己的救赎。

她将两人相处的那段日子记录在小说《商市街》中，在哈尔滨人流穿梭的中央大街上，在幽雅静谧的俄式花园里，在江畔绿荫浓郁的树下，在碧波荡漾的松花江上，都留下了他们的身影。这段爱情让人刻骨铭心。结果，后来萧军无法忍受寂寞，伤害了萧红，将这段感情推向了深渊。当意识到两人缘分已尽时，萧红果断选择了分手。

人生中的每一段相遇，都有其特定的意义，但并不是每一个遇见的人，都有缘陪你走到最后。财富路上的相遇，也是如此。

有幸相遇，是老天给我们的莫大恩赐，值得用一生去铭记。有些情，尝过便好，不必到老；有些事，做过就好，无须强求。只有舍弃有缘无分的人，才能空出身边的位置，留给真正对的人，留给能够给你带来真正幸福的人。

3. 远离心中的烦欲执念

在柳宗元的《蝜蝂传》中，记叙了一种名为"蝜蝂"的小虫的故事。

这种小虫很善于背东西。爬行的时候，无论遇到什么东西，它们都会抓取过来，背在背上。这样路走多了，它们背上的东西就越来越多，也越来越重，而它们也越来越累。可是，不管多么累，它们都不会把背上的东西卸下一些。看到它们可怜，有些人会替它们除去背上的东西，但只要它们还能爬行，依然源源不断地往背上放东西，直至累死。

个人心中的烦欲执念，如同蜣螂背上的东西，不断地往上加码，会让我们忘了自己能够背负的东西其实是有限的。

比如，想要得到什么东西，想要取得什么成就，想要拥有多少财富……其实就都是一种执念。对金钱的渴望虽然能驱使我们前行，但欲望一旦过度，便会成为执念，让我们在追寻财富的道路上逐渐迷失自己。

为执念所困，为烦欲所扰，心便无法平静下来，这对于财富的积累并没有好处，如果你想跳出囹圄，就得抛却心中的烦扰执念。

人生在世，看淡得失，看轻聚散，看透荣辱，放下一切执念，就能轻松自在；不跟烦欲相纠缠，就能享受安然。抛却心中的烦欲执念，才能守住平和心境，拥有非凡的财富人生。

为生活做减法，是人生真正成熟的开始

积聚财富的路径并不是直白地摆在我们眼前的，而是需要我们去粗取精、去伪存真之后才能找寻到。

懂得为生活做减法，是人生真正成熟的开始。扔掉不必要的包

袄和累赘，才能把更多更有价值的事物吸引到你身边。

1. 生活空间比囤积的物品更重要

有时候，我们不是拥有的太少，而是想要的太多，那些不必要的欲望，会逐渐绊住我们追求财富的脚步。

呱呱落地的婴儿，本是赤裸而来，需要的不过是一日三餐、夜晚一眠。但是如今的我们都被物欲裹挟。比如，购物节为凑单，购入许多不需要的物品；衣柜里衣服很多，却觉得没衣服可穿；没用的东西舍不得扔，想着总有一天会用到……家里的东西越来越多，生活被物欲填满，这些都很容易让我们迷失自我。

有一个女孩原本很节俭，但网购出现后，她看到身边的同事不时地收到快递包裹，她被吸引后便尝试在网上买东西。几次网购之后她发现网络购物不仅便宜，而且产品质量也不差，她便养成了网络购物的习惯。

女孩开始买买买，几乎每天都有快递，直到某天她突然发现自己的钱包越来越瘪，而现在用的护肤品还是三年前买的，新买的物品包装还没拆。她意识到，自己必须要做出改变了，于是果断走上了"断舍离"之路：减少网购，只买当下需要的东西；丢弃杂物，只留对"现在的我"有用的东西。慢慢地，女孩了解了自己的内心，更加专注于生活，钱包又慢慢鼓了起来。

林语堂曾说："生活的智慧在于逐渐澄清、滤除那些不重要的杂质，而保留最重要的部分。"在欲望的驱使下，我们不停地购买包括自己并不需要的东西。但只有为生活注入新的力量，生命才能充满生机和活力，舍弃对物品的执念，关注自己真正的需要，只购买我需要、我喜欢的物品，才能重新拿回生活的主导权，从而不被物欲所累。

2. 把无用的社交时间用来沉淀自己

如果你的能力、资源和地位配不上自己的财富和野心，那么你的社交就是无效的。

现代社会，很多人都喜欢交朋友，拓人脉，却在不知不觉中被无用的社交关系所绑架。比如，微信里的多数联系人，连对方的名字都不知道；通信录里的人越来越多，需要帮忙时，能说得上话的却没有几个。

没有价值的虚拟社交，只能制造出一种繁忙的假象，个人的精神被大量的无用社交掏空，只有及时补充能量，减少不必要的精力消耗，才能让自己的内心重新充盈起来。

事实上，与其低质量地社交，反而不如高质量地独处。与其在无意义的圈子里消耗，不如用更多时间来沉淀自己。记住，好的人际关系不是追求来的，而是吸引来的；只要你足够优秀，到处都是朋友。只有果断舍弃那些消耗你能量和生命的关系，生活才能被生机和活力所填满，才有能力去追求财富。

3. 给物质做减法，给思想做加法

从深层次来说，清除内心的杂念才是"断舍离"的深层含义。表面上看起来是清理了房间的杂物，其实是清除了内心的执念，从极简的生活方式过渡到极简的思维方式。

周女士已经离婚五年，却一直无法从上一段婚姻中解脱出来，她保留着原来的家具，也不敢将离婚的消息告诉家人。她一个人默默承受，从未释然。直到周女士接触到"断舍离"，她才意识到是内心的执念禁锢着自己：她不愿意接受离婚的事实，觉得很丢脸；她过分在意别人的想法，忽略了自己的感受，让自己心累，生活得痛苦……

后来，周女士果断卖掉了家里的旧家具，把离婚的消息告诉了家人。五年来，她第一次感受到了内心的轻松，终于可以尽情享受单身生活了。

离别、孤独和死亡，是人生的必修课，它构成了生命的厚度和长度，我们却只看到了自己平凡普通的一面，而忘了自己独一无二的特质本身也是一种不平凡。其实，很多痛苦并不是因为事情本身足够糟糕，而是源于自己的执念太深，只有做到"断舍离"，才能坦然面对现实，才能更加专注于当下的生活和自我。

极简：清净，才能听见财富的回声

善于积累财富的人，内心一定是极简的。

我们的人生只有短短数十年，并非所有的事情都值得全心全意去做，适当地留白，反而可以腾空心灵，吸引更有价值的东西入住，这其中就包括财富。

112

极简的精髓，用一句话来表达就是：人生不是一场物质的盛宴，而是一场精神境界的提升。在追求财富的道路上，只有做到极简，才能让我们摈弃杂念，将注意力集中在有利于获得财富的事情上。

1. 让思想变得简单

唐代高僧大珠慧海禅师曾有过两段对话，下面我们来品味一下。

对话一：

有人问禅师："即心即佛，哪个是佛？"

禅师说："你怀疑哪个不是佛，请你指出来。"

对方无言以对。

对话二：

有人问禅师："你出生在哪儿？"

禅师说："还没有死，谈什么生。'当生即不生'。"

显然，不管个人的智慧有多少，都有想不通的事情；不管眼睛有多明亮，总有看不透的东西；不管自己多有钱，总有一些东西是无法买到的。既然"想不通、看不透、得不到"，就干脆"不想、不看、不求"，该干什么就干什么去。

事实上，思想极简时，杂念就会少一些，做事更容易游刃有余。事情的模样还是老样子，但效率和质量却能得到大幅提升。

在很多人的脑海里，空白地带多于灰色地带：读书就是读书，睡觉就是睡觉，吃饭就是吃饭，恋爱就是恋爱，聊天就是聊天，发呆就是发呆……事情与事情之间没有过多的交集，甚至没有交集，其实只有定期清理"杂念"，才能知道自己要干什么、正在干什么、能够干什么。

明代著名思想家薛瑄说过："金有一分铜铁之杂，则不精；德有一毫人伪之杂，则不纯矣。"总是想七想八，其实就是过分的焦虑和担忧，透支了明天的烦恼，会让生活变得不纯粹。思想上简单了，复杂的东西自然就会被"不屑一顾"，从而也就减少了我们获取财富的阻碍。

2. 高效利用物品

如果为了追求极简生活，让你将家里的东西都丢出去，相信很多人都舍不得。因为，我们会想在某个时候需要用到这样东西时，还得找回来或者买回来，所以就一直存放着没什么用的东西。

很多人希望自己什么都有，却不知道，当一个人拥有很多东西时，闲置的东西就多了。大度一些，把自家的东西和大家共享，不仅能减少浪费，还能获得更多的朋友，朋友多了，财富可能就会离你越来越近。比如，一架钢琴，自家孩子上了初中后便很少使用了，可以给邻居家的孩子用，邻居投桃报李，可能就会给你介绍一些小生意；两户人家，可以共享一个无线网络信号，还能减少宽带费用等。将很少使用的东西分享出去，物尽其用，才是真正的极简主义。

3. 不要让垃圾进入生活圈

很多人一生都在"断舍离"，却过得很复杂，原因何在？究其根本，就是他一直在购买不需要的东西。

很多人做事容易盲从，看到别人有什么，自己也要有什么。举个例子，看到身边的人都喜欢去某个直播间，有些人就会带着好奇心，进入这个直播间；当大家一窝蜂地抢购某种东西时，你也会毫不犹豫地下单。结果，不喜欢看书的你，买了几本书，舍不得丢弃，只能束之高阁，直至书本上落满了灰尘；平时你极少穿裙子，看到别人都有，你也跟着购买了几条裙子，结果只穿了几次，最终变成了压箱底的东西，浪费掉大笔的金钱。

真正的极简主义者，会收起自己的购买欲，捂住自己的钱袋子，即使看到喜欢的东西，也会保持冷静，看看自己是否真的需要买，也许等几个小时后，自己就会觉得没必要买了。

当然，极简生活不一定是拥有极少的物质，舍去所有的亲戚朋友，而是一种生活的理念，是对自己的约束力。如果你不再因为拥有或失去某样东西而烦恼，不再随便花掉自己的钱，那说明你已经活得简单了，你找到了属于自己的快乐，你的财富也会越聚越多。

健康：身体才是生产力

如今，越来越多的人开始注重自身的健康，不仅从观念上提升自己的健康指数，也愿意花更多的时间、精力与财富去善待自己的身体。因为更多的人已经顿悟：无论世事如何变迁，只要身体健康，一切皆有可能；好好吃饭，好好睡觉，顺天应时，平和喜悦，财富自然聚合。

1. 人生有期，健康无价

人这一生，从哭声中开始，又在哭声中离开；从喜开始，以悲收场。与其追问什么是死亡，倒不如认真钻研如何好好活着。

现实中，很多人都明白健康的重要性，但为了追求财富而早晚颠倒，熬坏了身体后，又会急着看病买药；而身体一旦好转，又会恢复到过去的老样子。这样以身体健康为代价获取的财富，早晚都会还回去。

在很多人眼中，王斌简直就是一个工作狂。他98%的时间都是在工作，只将剩下的2%留给大脑放空和休息。

2023年3月，王斌到广州出差，连续高烧10天，虚脱到无法行走，只能强撑着身体连夜赶往医院接受治疗。等到病情稍微稳定一点儿，王斌就立刻返回公司继续工作，丝毫不给自己缓冲的时间。结果没过几天，他又住进了医院。

这次王斌病得很厉害，他也意识到自己的身体状况大不如从前，容易累、没力气……他终于发现自己已到中年，不能再这样熬了，再这样下去，身体真的会报废，还要拖累家人。

现实中，多少人为了财富争得头破血流，为了成功肝脑涂地、披星戴月地付出，最后却没能熬过健康这一大坎儿。如果说健康是数字"1"，财富、事业和家庭就是"0"，只有稳住了"1"，才有后面无数个"0"；反之，则一无所有。在追求财富和事业的过程中，一定要记住，让自己的身体保持健康，才是对生命最好的交代，更是对财富的正确态度。

2. 你的健康不只属于自己

为了比别人业绩好，为了赚钱买房，很多人都熬夜加班。但当你站在镜子前面，看见自己脖子僵硬、弯腰驼背的样子时，是不是会怀疑，自己以牺牲健康为代价得到的一切是否值得呢？

但有些人总觉得自己还年轻，有大把的时间和精力去挥霍，为了给家人打拼下一片天地，拼命奋斗，只要一工作起来，就忘记了吃饭和休息。结果，却将自己的健康搭了进去。

人生最痛苦的不是失败，而是心有余而力不足。要知道，你的健康不只属于自己，家庭的幸福也与之息息相关。在我们身边，因病致贫、因病返贫的家庭屡见不鲜，家庭的幸福指数和生活质量也因病一落千丈。

保持身体健康，才是对自己、对家人最大的负责。人生上半场，为了换取财富，有时我们不得已牺牲掉健康；人生下半场，就不能用赚来的钱来买健康了，否则只能是一场空。

3. 生死之外都是小事

人生在世数十年，生活富足也好，穷困潦倒也罢，都是过眼云烟，钱再重要，也要有命来花，生死之外都是小事。

随着年龄的增长，很多人都会发现，长时间熬夜后，会感到头晕眼花、全身乏力，即使补再多的觉，也赶不走黑眼圈；每逢换季，就会腰背酸痛，视力开始模糊，记忆力慢慢衰退，干什么都提不起劲。自己努力工作，拼命赚钱，最后钱没赚到，人却病倒了，花再多的钱也买不回身体原件。

世事无常是常态，不要用"太忙了"当借口。累的时候，别硬撑，该放手时就放手；困的时候，别熬夜，养成规律的睡眠习惯。

趁还来得及，为了身体的健康，一定要养成良好的生活习惯，规律生活、坚持锻炼、定期体检、心态豁达。人这一生其实不需要太多的东西，在不短不长的日子里，健康地活着，比什么都重要，千万不能将金钱置于健康的前面。

家庭：珍惜与家人相处的时光

家，是生命的根本，家人在一起的温暖感觉足以让人获得美好的精神感受。空闲时间，把家收拾干净，一家人坐在一起，好好说话，一起吃饭，家里就能充满爱与理解。

俗话说，家和万事兴。把家经营好，就能打败所有的艰辛，美好的事情自然就会到来，你的财富指数也会节节攀升。

1. 不幸的家庭互相消耗

在高尔基的小说《童年》里讲了这样一个故事：

三岁时，主人公阿廖沙的父亲去世，母亲把他寄养在外祖父家里。从那一刻起，他的悲惨人生开始了。

在阿廖沙的印象里，外祖父家几乎从来没有过笑声，只有无休止的谩骂、叫喊、抱怨和指责。外祖父性格暴躁、残忍，喜欢对家人大呼小叫，她母亲就经常被暴脾气的外祖父非打即骂。两个舅舅也继承了外祖父的性格，为了占有家产，总是大打出手，闹得鸡犬不宁，还时不时地拿阿廖沙出气。

列夫·托尔斯泰说："幸福的家庭总是相似的，不幸的家庭各有各的不幸。"的确，一个家庭真正的悲哀，不是物质的匮乏，而是彼此消耗。夫妻间的争吵、婆媳间的计较、父子间的冷战和互呛等琐碎的争斗，只会给原本美好的生活绑上沉重的枷锁，使人透不过气来。

家庭长期内耗，不仅会让人的神经绷得很紧，更会延缓人们获取财富的速度。不要浪费精力去追求十全十美的家庭，只有用心经营、停止内耗，才能家和万事兴。

2. 和睦的家庭彼此滋养

家庭成员，各尽其能，日子才能越过越红火；家人之间，相互滋养，即使困难重重，也能挺过去。

当年曾国藩连续六次落榜，心情一度跌到谷底，但家人却没有责骂他，而是成了他最有力的支撑。一次落榜后，父亲借钱为他购买了一套《二十四史》，当时这笔钱可不是一笔小数目。他感到很羞愧，父亲却说："只要你用心读书，我能替你还钱。"

如果说世上有一个地方，能够让你感到踏实，这个地方就是"家"。工作不顺时，家就是一盏灯塔，可以为你指明前进的方向；日子艰难时，家就是一颗糖果，能够治愈你所有的不开心。努力经营好自己的家庭，让父母放心，让伴侣安心，让孩子开心，你才有更大的动力去工作和赚钱；反之，家庭成员之间彼此内耗，你还哪有心思去工作？哪还有心思去赚钱？

3. 知足者能将家庭经营好

世间没有不幸福的家庭，只有不知足的家庭。知足者，都能将家庭经营好。有这样一个故事：

一个年轻人去沙漠寻宝，结果宝藏还没找到，水就喝光了。这时，出现了一个神灵，赐给他足够的水，并帮他走出沙漠。他很高兴，立刻返回。结果，在返家途中，他发现了宝藏。年轻人异常激动，将珍宝装满了口袋，还扛了一大袋。

背着东西走路，身体的消耗可想而知。渐渐地，他就有些承受不住了，只能一边走，一边忍痛扔掉部分珍宝。水很快就喝完了，回家的路一眼望不到尽头，他体力耗尽，最终渴死在路上。

人世间，贪婪的人往往命最苦。他们永远不能满足，只能活在想象中，越得不到，越挣扎，越痛苦。一个家庭更是如此，欲望无度的家庭，不仅会毁掉父母的人生，毁掉孩子的未来，更会让家里的财富迅速流失。

常言道："高飞之鸟，亡于贪食；深潭之鱼，死于香饵。"很多家庭之所以过得痛苦，就是因为错把欲望当需要。其实，绫罗绸缎再多，也不过上下一身；美味佳肴再丰富，也不过一日三餐；高楼大厦再多，也不过卧榻三尺。我们需要的，远没有想象的那么多。

请记住：家庭积累的财富，不是求来的，而是由自己创造出来的。

阅读：读书是快速实现财富升级的捷径

经典书籍都是作者独特的生命体验，蕴含着广阔的历史全景、丰富的时空，可以扩展我们生命的长度与宽度，打开我们的精神格局，提升我们的人生境界。

读书是一种高级的独处，是快速实现财富升级的捷径。特别是阅读中外经典，更可以从根本上提升个人的精神气质。你在读书上花了多少时间、用了多少精力，生命就会拥有多少种可能。

1. 读书是回报最高的投资

在一次演讲时，俞敏洪接连讲了两个故事，给很多人留下了深刻印象。

第一个故事：有两个农村孩子，一起经历了两次高考。甲第二次高考落榜后，直接选择放弃，认为自己只能留在农村。乙继续坚持，埋头复读，第三次参加高考，考上了北大。

第二个故事：在一所大学里，两个都得了肺结核的学生一起去接受治疗。刚开始的时候，两个人总在一起唉声叹气，对自己的病情感到很悲观。没过多久，甲突然意识到这样哀叹命运，没有任何意义。之后，在住院的一年时间里，他阅读了 200 本书，背了 1 万个英文单词。如今，他已经成为一位知名的企业家，过上了自己想要的生活。

其实，那个参加了三次高考的人和住院时仍坚持读书的人是同一个人——俞敏洪。正是因为他没有停止学习，才能在新东方遭遇重创后，在直播行业逆风翻盘，闯出一片天地。

问题想不通，你完全可以去书中寻找答案；想去某个地方而不能去时，也可以去书中寻找天地。多读书，会让你在看待世界时能多一些角度，少一些迷茫，站得足够高，看得也更远。你读的每一本书，都会成为生命中的养分，成就你的财富人生。

2. 读书是富养心态的最佳途径

书籍，是让人向上生长的钥匙；阅读，则是调节自我、富养心态的良药。在追求财富的道路上，总会遇到一些看似过不去的坎儿，解决不了的迷茫，暗无天日的时刻。书读得多了，你就会发现，很多时候，困住自己的不是事情本身，而是你不安的内心。

财富之路漫漫，总有一句话，能安抚你的灵魂；总有一本书，能抹去你的痛苦。读书的过程，就是让自己的心逐渐安定下来的过程。人生低谷期，与其深陷其中，惶惶不可终日，不如选择自救，从书籍中寻求新的出路。

3. 读书是改变气质的最优方法

三流的化妆是脸上的化妆，二流的化妆是精神的化妆，一流的化妆是生命的化妆。要想改变气质，就要多读书，由表及里，丰盈自己的内在，为生命添上最亮丽的一抹色彩。

阅读量提高了，人就会变得自信从容，谈吐也会大方得体，气质自然会随之改变；坚持读书，即使容颜慢慢变老，神态依然会永远保持年轻。我们的外表会衰老，但书籍可以让我们永远坚定、充满自信地立于这世间。

4. 读书是积蓄力量的捷径

不知你是否经历过这样的时刻：最难熬的时候，只要静下心来，捧起书籍，认真阅读，就会重获前行的希望；最无助的日子，只要沉淀自己，勤读书，就会积蓄满满的能量，重新出发。

有书在手，即使此刻身在泥潭，也依然可以仰望星空；有书可读，即使生活一地鸡毛，依然拥有对抗苦难的力量。

当你为了烦心事辗转反侧、难以入眠时，可以想想玛格丽特·米切尔在《飘》中写的那句："不管怎么样，明天又是新的一天。"

当你羡慕别人的生活、仰望他人的财富时，可以想想杨绛的那句话："上苍不会让所有幸福集中到某个人身上，保持知足常乐的心态才是淬炼心智、净化心灵的最佳途径。"

人生可以依靠的外力终有穷尽，唯有自身足够强大才能持久绵长，而让自己变得强大的最快的途径就是——读书。

打坐：活在当下，让你的身心得以放松

研究发现，35 岁以后，人体的各项生理指标都会加速衰老，每天死去的脑细胞多达 10 万个。要想延缓衰老，使大脑保持年轻，就必须找到科学有效的方法。

哈佛医学院博士萨拉·拉萨尔，曾在演讲中提出，打坐有助于提高大脑记忆力、延缓衰老和减轻压力等。大脑处于轻松又愉悦的状态下，不仅能保持年轻，还能让我们的身心得到滋养。

通过打坐，我们可以把自己的注意力从外界的世界拉回到本心，回到那个真正能够感受本源的地方，让内心变得安静，集中内在心神，感受天地之间源源不断涌来的能量，继而改变我们的内在，让我们活在一个充满活力的世界中。

精神紧张的时候打坐一会儿，休息不好的时候打坐一会儿，虽然时间不长，但也可以把杂念清空，给精神充满电，让整个人像从熟睡中自然醒来一样充满活力。因为简单可行，打坐已然成为一种放松身心的新方式。

1.强健身体，迅速恢复能量

打坐对于慢性疾病和顽固症状，如高血压、心脏病、肾病、肺病、脑供血不足、偏头疼、身体沉重、四肢寒冷、风湿病等，具有一定的调节作用。

打坐时，身体能量的消耗减少，心脏的耗氧量也比平时减少很多，血液循环的力量就会比平时更强。有力的血液循环可以帮助我们净化血管中堵塞的物质，让很多"长期休眠"的血管重新恢复生命活力。这样的血液循环经过五脏六腑，能帮助脏腑净化积存的"负面能量"，提升脏腑的自愈功能；经过皮下，能帮助皮肤和肌肉净化"负面能量"，改善气色和肌肉的曲线。

打坐时，呼吸会变得平缓均匀，进入肺部的空气总量相对稳定，进入心脏的氧气量也相对稳定，这将有利于血压的调节。每天打坐 10 分钟，我们就能感受到那种从身体深处升起的轻松、舒适的生命能量。

2. 提升气质，塑造优雅体态

打坐，可以使一个人内在的气质沉静下来，使人在举手投足之间呈现出优雅、恬静、柔和的美感，这种气质是身体、情感和精神三种能量综合作用于生命的产物。

内在的精神越柔，身体被净化得越好，情绪越稳定，外在呈现出来的气质也越美好。

3. 缓解压力，释放不良情绪

让我们感到不安的情绪或想法都不是凭空产生的，而是"因缘作用"的结果。这里的因缘，不仅包括外界的人、事、物，还包括身体的内因。身体的神经系统是情绪和想法产生的生理基础，如愤怒的时候，给他打一针麻药，麻痹了身体的神经系统，愤怒情绪就会立刻消失。

打坐就像在按摩我们的神经系统，可以让神经系统不再影响我们的情绪和想法。

在打坐的过程中，位于脑前区域的额叶活动会有所增强，脑细胞会开始分泌脑内啡和血清素，可以帮助人体神经系统放松和平静下来，让紧张的情绪得到舒缓，让烦躁的心情趋于平静，培养出稳定的心灵力量。

4. 改变大脑结构，提升财富指数

通过打坐练习，能够主动改变大脑，并提升财富指数。你可以从现在开始练习打坐，体会一下是不是不像以前那么疲惫了，不会对什么都提不起劲儿，你的身心得到了放松，气色越来越好，就能以最佳的状态投入到工作和事业中，生活越来越幸福，财富更会越来越多。

圈子：舍弃不必要的社交，主动进入更高层次的圈子

每个圈子都带有各自的能量场，高层次的圈子自带正能量场，而低层次的圈子则带着负能量场。舍弃不必要的社交，主动进入更高层次的圈子，与更多的高手接触，才能认识到自己与他们的差距，看到更广阔的天地，成为更好的自己，赢得更多的财富。

环境改变人生，纯粹积极的圈子会让我们身心得到放松。跟着苍蝇找臭水沟，跟着蜜蜂找花朵，跟着蝴蝶闻花香。你和什么样的人在一起生活，你的生活就会变成什么样子。要想提高自己的财富指数，就要主动结交积极向上的、努力奋斗的、有财富思维的人。

在追求财富的道路上，见过的人多了，经历的事多了，就会对人生和财富有新的看法和转变，这将影响自己以后的财富规划和方向。不要让无用社交浪费自己的时间和精力，到了一定年龄，对于

自己的人际圈子，该清理的就清理，该舍的就舍弃，不该交往就别去再交往。

1. 远离吃喝玩乐的圈子

年轻的时候，有一群能陪着自己吃喝玩乐的朋友，是一种快乐，因为那时候的我们喜欢热闹，喜欢谈天说地，喜欢高谈阔论，也算是不枉年轻潇洒一场。成家立业后，就不能这样了，不仅要对配偶负责，还要养育孩子，更要赡养老人，因此一定要对自己的收入和财富做好规划；要进行思想的沉淀，离开吃喝玩乐的圈子，不能活得醉生梦死。

2. 远离搬弄是非的圈子

说话，是每个人的权利，但不乱说话才是一个人的修养，"静坐常思己过，闲谈莫论人非"才是一个聪明人的基本素养。有些人喜欢嗑着瓜子、吃着零食，聚在一起挑拨是非，跟这种人交往，即使不说是非，也会被卷入是非之中，惹祸上身，影响你的财运和人际关系。因此，为了减少这些事情对负面影响，就要尽快远离这种人。

3. 远离负能量爆棚的圈子

浑身充满负能量的人，一般都喜欢鞭笞别人的不好，责骂命运的不公，挑剔社会的不平；一味地推卸责任，只能消耗精力，消弭信心，摧毁个人的行动力。

情绪会被传染，感情也会被传染，长时间接触源源不断输出负能量的人，你也会慢慢变得开始怀疑人生，开始抱怨生活。在充满抱怨和负能量的圈子待久了，就会发现跟这种人待在一起会生活得很累，日子没有阳光，生活没有希望，人生萎靡，思想猥琐。远离这种圈子，才能让自己更阳光，更自由，心中充满希望，更加积极向上。

因此，在追求财富的道路上，一定要远离这种人，远离消极面，让自己保持积极向上的心态。这也是对自己的一种保护。

4. 远离跟自己层次不符的圈子

圈子，是志同道合的象征。不是一个层级，就不要强融，因为你的层次决定了你所能处的层次。不要刻意地去讨好谁，做好自己，才是最重要的；不需要过分地去依靠谁，每个人的人生都有属于自己的精彩。

与其投入大量的精力、物力、人力和财力，融进不属于自己的圈子，还不如用这些时间安静地丰富自己、努力提升自己。当你把自己淬炼成一块金子，身上自带光芒时，自然就会吸引别人的目光，找到适合自己的圈子。

选择性地离开一些圈子，自己才不累；浓缩一些圈子，人生才精彩。不在意他人的言语，不猜测他人的心思，不看他人的脸色，才能走自己真正喜欢走的路，做自己真正喜欢做的事情。

到了一定年龄，一定要尽量远离那些不符合自己的圈子。

觉醒：主动赋予自己人生的意义

人生不是一场物质的盛宴，而是一场心灵的提升。主动思考生命的价值，赋予自己人生的意义，才会更有动力去追求财富。

1. 知道生命的意义是什么

生命的意义是一个古老而深刻的问题，自古以来就引发了人们的思考和探索。

对于每个人来说，生命的意义又是如此具体。在这个世界上，每个人都拥有自己独特的生命，生命的意义也因之而各有不同。那么，究竟是什么赋予了生命意义呢？是生命本身存在的意义，还是我们为自身赋予的意识和信仰？

从本质上来说，生命是一种不确定的状态，每个人都无法明确预知未来，也无法精准预测生命的方向。但是，生命也因此变得更加重要，而这种未知性和不确定性，却孕育了生命的无限可能性。

人们赋予生命意义的途径多种多样，包括信仰、追求、理念、快乐、家人、爱情等。生命意义是个人化的、带有主观色彩的，每个人的生命意义都是独特的，不会与其他人相同。正是这种多元化和不同的生命意义，让世界变得更加多姿多彩。

生命的本质是在不断变化的过程中寻找和发现生命的意义，而生命的意义又会反过来影响我们对生命进行探究，二者相互关联，在互相作用中，生命的意义也被赋予了更加深刻的内涵。

对生命意义进行探究不是一个科学问题，而更像是一种精神的探索。生命意义，不仅是对生命本质的审视，更是一个人对生命中每个瞬间的感悟和领悟，是人类文明的一个创造性的里程碑，是文化的源头和精神的生命力。在这种探索的过程中，我们才能找到生命存在的价值和意义，激发出更加向上的力量。

2. 生命的意义，由你自己去赋予

人类一直在追寻生命的意义。如果你问不同人的生命意义是什么？相信一定会得到各种各样的答案。

有人认为，生命的意义是成为一个好爸爸或好妈妈；有人认为，生命的意义是追求成功和财富；有人认为，生命的意义是帮助别人；有人认为，生命的意义是寻找独特的体验和冒险。

然而，这些都不是真正的生命的意义。因为生命的意义不是从外部或某些固定的概念中获得的，而是根植于我们自己的内心深处。

生命的意义是我们的价值观和信仰，是我们对自己和世界的理解与选择。而这些价值观和信仰是我们通过经历和反思建立起来的。人们追求的幸福，不仅是物质上的享受，更是自己对人生目标的认知和实现。

生命的意义是一种跟随内心的驱动力，我们可以通过理性的思考和深思熟虑来找到这样的意义。只有找到这样的意义，我们的人生才能更加丰富多样、更加充实。

生命的意义不仅是我们的奋斗目标，更是我们的精神支柱，是支撑着我们走向成功、成长和幸福的主要动力。因此，我们要用内心驱动自己前进，努力发掘自己的生命意义，实现自己的人生价值和意义。

第七章
掌握人生定律，铸就财富人生

因果定律：每一件事的发生必有其因

在这个世界上，任何事都不是偶然发生的，每件事的发生必有其因。

人的思想、语言和行为是"因"，都会产生相应的"果"。如果"因"是好的，"果"也多半是好的；"因"是坏的，"果"可能也是坏的。只要有想法，就会不断地"种因"，而种"善因"还是"恶因"，均由自己决定。因此，我们必须明白：自己的想法引发什么样的语言和行为，就会导致什么样的结果。

1. 好人有好报

不管你是什么样的人，只要用一颗善良的心去对待遇见的人，你的善良终会变成意想不到的财运。因此，不管你经历过什么、遭遇过什么，都要有一颗善心，做一个好人，因为"好人有好报，吉人自有天相"。

撒哈拉沙漠被称为"死亡之海"，据说途经此地，无人能生还，但多年前的一支考古队却打破了这个"死亡魔咒"。

在考古队去沙漠的路上，随处可见逝者的骸骨，只要遇到，为了不让这些逝者暴尸荒野，队长都会让大家停下来，把骸骨掩埋起来，并立个简易的墓碑。一周后的一天，突然刮起沙尘暴，指南针失灵，考古队完全迷失了方向。最终，他们沿着来时一路竖起的墓碑，走出了"死亡之海"。

善良的人，自带幸运光芒。心存善念，多做好事、助人为乐，福气就会越来越多，而财富最喜欢有福气的人。个人的命运掌握在自己手中，只要从内心自求，多做仁义之事，择善而从，就会得到最好的结果。

2. 傻人有傻福

做人傻一点儿，厚道一点儿，福气和财运自然也就多一点儿。老天向来都是公平的，不会让一个人一直吃亏，也不会让一个人一直占便宜。在追求财富的道路上笨一点儿，让一点儿，不贪小便宜，财富往往才能够越积越多。

电影《阿甘正传》中，主人公阿甘就是一个"傻人"：阿甘先天智力低下又伴有残疾，却"傻人有傻福"，在多个领域取得了好的成绩。

在学校，为了躲避其他孩子的欺侮，阿甘"傻傻地"听从朋友珍妮的话而开始"跑"。结果，跑进了一所学校的橄榄球场，跑进了大学，成了橄榄球巨星，受到了肯尼迪总统的接见。

大学毕业后，阿甘应征入伍去了越南，遇到了热衷捕虾的布巴和丹中尉。在部队里，阿甘只知道服从命令，没有其他的杂念。在一次战役中，丹中尉失掉了双腿，对生活失去希望。为了完成布巴的愿望，阿甘自己买了一条捕虾船。丹中尉被阿甘精神感化，让他做了大副。他们捕的虾越来越多，慢慢变成了富豪。

要想让自己的生活过得轻松自由，需要的往往不是聪明，而是一种大智若愚的态度。人与人之间相处不能理得太清，要学会宽容；要和谐相处，要懂分享，不贪小便宜。

"傻"是一种人品。与人交往不自我、不自私，学会礼让，厚道待人，不骗、不贪、不计较，守住一份初心，就能赢得一份快乐和财富。

3. 人善路更宽

善待周围的人，关心身边的人，永远都有后路可退。因此，不管你经历过什么，遭遇过什么，都要拥有一颗善心。

有一次，梅兰芳演《嫦娥奔月》，到了戏场准备装扮出场时，突然传来后台管事的责骂声。

梅兰芳了解了原委，原来管道具的刘师傅老伴生病，工作时分神，犯了低级错误，忘了《嫦娥奔月》的一个道具。梅兰芳不仅没有生气，还温和地对刘师傅说："别着急，你赶快坐我的汽车回去拿，大家给你垫场子。这事儿我也有错，你老伴病了我都不知道，还让你来。"

心怀善意的人，言行之间都不会让别人难堪，细微之处都会维护他人的尊严。所谓格局，就是有一颗善良之心，体谅他人，理解他人。

为人善良，不是懦弱，也绝非没有原则，而是有着更长远的目光和格局。看起来似乎是向后退了一步，实则收获了更多。

　　我们都是普通人，不一定要做大人物，但一定要有善心，也要有善举。真正心善的人，从来都没想过回报，只是心甘情愿地去做一件自己想做的事，他们精神上获得的愉悦，远胜过一切物质的回报。

放松定律：什么心态最佳？越清明无念越好

　　李达是一名律师，刚入行时，为了出人头地，他除了刻苦钻研业务知识外，还用心学习了一系列的时间管理方法，制订了长期计划、中期计划和短期计划。

　　李达严格按照计划表行事，早上准时起床，以最快的速度做完每件事，晚上没完成一天的任务绝不上床睡觉。然而，几年下来，他依然成绩平平。

　　为了改变这种平庸的状态，李达更加努力。结果几年过去，他发现，除了收获失眠、轻度抑郁、严重的胃溃疡外，甚至还可能被行业中不断涌现的新手替代。难道自己天生就是失败者？李达烦闷到了极点。

　　李达给朋友打电话，将困惑倾诉给他。朋友静静听完，沉吟片刻便约他晚上去拳馆打沙袋。李达觉得这简直是恶作剧，自己本来就够累了，还要进行高耗能的运动？可朋友不容分说，坚持要他去拳馆。

在击沙袋时，李达将拳头攥得紧紧的，集中全身力量，对准目标奋力出拳，可眼前的沙袋却纹丝不动。李达不泄气，再次击打沙袋，还是不动。几个回合下来，他气喘吁吁，拳头也疼得厉害。李达不明白，为什么别人可以，而他重复别人的动作却毫无效果？是因为他的力量不够大吗？

　　在旁边观察的教练感觉到了李达的困惑，出手示范，对其进行指点：出拳时，胳膊以最放松的姿态甩出，接近沙袋时拳头再用力……李达怔住了，困惑多年的问题在一瞬间释然。以往他随时把目标带在身边，神经总是绷得紧紧的，哪怕睡觉都在为案例绞尽脑汁……原来，正确的做法应该是先放松，再用力，而不是将力量均衡地消耗在每一阶段。

　　这次经历让李达明白了：学会放松，是事业成功的关键一步。三年后，李达真的成了行业中的佼佼者。

　　只有在心态放松的情况下，才能取得最佳成果。任何心态上的懈怠或急躁，都会带来不良结果。那么，什么心态才是最佳心态呢？越清明无念越好。我们之所以强调心要清静，就是为了让我们减少能量的消耗。

　　个人的成功离不开自己内在的能量，任何成功的背后都需要付出能量。其实，无论是生命的过程，还是做任何事情，都是能量的收放过程。

　　把目标瞄准在你想要的工作、事业或财富上，放松心态、精进努力，做你该做的，总惦记着它们什么时候到来，它们反而会迟迟不来。你对结果越焦躁，越无法得到理想的结果，甚至会得到相反的结果。

内在能量是充足的，无论做什么事情，都较容易成功。任何人的能量状态都在不断变化，在追求财富的道路上，我们要把握时机，该干的时候干，不该干的时候就要韬光养晦。

1. 听音乐

听音乐是一种非常好的解脱困扰的方法。

音乐是一种唯美、悠扬、高雅的艺术，它的音符、音阶、音调舒缓、唯美、流畅，我们听每一段乐曲都有不同的感受：有的婉转悠扬，有的令人心潮澎湃、精神振奋；有的曲调像高山流水，清新荡漾；有的像雄峰耸立，傲然壮观；有的像辽阔的大海，汹涌澎湃；有的像清晨的朝霞，璀璨斑斓。

多听音乐，可以接收到精神的传递、思想的熏陶、理想的树立、未来的引航，其间代表的奋斗、前进、崇尚、高昂、辉煌等意境，更能给人带来扣人心弦的袅袅余音，引导人们慷慨激昂，信步闲庭。

音乐的曲调抑扬顿挫，烦闷的时候听听乐曲，可以使心情变得开朗，精神为之一振，让生活更加愉快，工作越发顺利。

2. 走出去

压力源于烦恼，烦恼的出现多半是因为我们想得太多。所以在生活中，即使遇到急事，也不能自己吓自己，要用平静的心态应对，如果感觉压力很大，就出去放松一下，去外面走走、做做运动，尽量转移注意力，就不会胡思乱想了，人的心情也会慢慢开朗起来。

3. 停下来

一直被压力压得喘不过气来，不仅会影响我们的心情，也不利于我们的身体健康，严重者甚至还可能感到压抑。个人能承受的压力是有限的，如同一个杯子，水装得太满，就会溢出来。想要活得轻松一些，就要释放压力，轻装上阵。

当然，当我们实在无法承受压力的时候，也要学会释放。而释放压力，最好的方式就是休息。我们都不是超人，需要睡觉，需要吃饭，需要休息，只有劳逸结合，才能让自己的精神状态处于最佳。

当下定律：命运的着手处只能是当下

我们既不能改变过去，也不能控制将来，只能活在当下。

我们能决定、能改变的只有此时此刻的自己，自己的想法、语言和行为。过去和未来都可以忽略，只有当下是真实的。

命运的专注点、着手处只能是当下，舍此别无他途。总是悼念过去，就会被内疚和后悔牢牢套在想改变的旧现实中无法解脱；总是担心将来，就会把不想发生的情况吸引进现实中。

因此，追求财富的正确心态应该是：不管境遇是好是坏，都要积极调整当下的思想、语言和行为，让自己在不知不觉中向好的方向发展。

1. 活在当下

生活经历，无论好坏，都是自己经历过的，都是自己感受过的，都是自己所收获的。活在当下，就能活出真正的自己，收获完整的自己，做一个真正的富有者。

人生没有逃避，即使遇到再多困难、再多挫折、再多困境，依然要坦然面对。鼓起勇气，走好脚下的每一步路，过好当下的每一个瞬间，就能得到最好的结果，此时的你就是快乐的、幸福的人。

昨天已经离我们而去，明天还未到来。把握当下，过好当下，不忧愁、不焦虑，你就是财富人生的赢家。

2. 不羡慕，不攀比

沉浸于羡慕和攀比，只会让你陷入焦虑中，变得越来越失落，越来越难受。羡慕别人的工作，羡慕别人的家庭，羡慕别人的感情，羡慕别人的人生；攀比工资，攀比人生，攀比家庭，攀比感情，到最后终是竹篮打水一场空。

别人的世界即使再精彩，也与你无关；他人的人生再辉煌，也不是你的，只有当下才与你息息相关。

在追求财富的道路上，与其将时间花在羡慕和攀比上，不如把这些时间都用在自己的身上，不焦虑、不惊慌，抓住当下，悄悄努力，终将绽放。

3. 坦然地过好当下

日常生活中，遇事不急躁，顺其自然，坦然地过好当下，更有可能赢得你想要的财富。把握不好当下，整日生活在忧虑中，你的财富状况自然也不会好。

处于一种平和的状态，处于一种坦然的状态，你就是自由的，就是通透的。在追求财富的道路上，重在修心，只要把心修好了，获得财富只是必然的结果；坦然度过每个当下，人生才有希望，才能获得你想要的财富。

4. 做自己能做的

有些事情超过了自己的能力，虽然做成了可以获得一大笔金钱，但也不能强迫自己去做。因为你之所以做不到，是因为你现在的能力还不够，解决不了当下的问题。过好当下的日子，做好当下的自己，比什么都重要。

没有当下，就没有任何的"可能"。即使心中怀有憧憬和愿景，也要有自知之明，要有过好当下的能力。

其实，很多时候，只要做好自己，很多问题就能迎刃而解，很多事情也就不攻自破了。抓住当下，认真解决当下的每一件事，就有可能成为财富赢家。

利他定律：成全别人，自己也能得到好处

所谓利他就是成全别人，让他人得好处，事事、处处为他人着想，为别人造福。让身边的人都幸福快乐，最幸福快乐的人很可能就是自己；成全他人的成就与成功，最后收获最大的人也是自己。

利他不是牺牲自己或忽视自己，而是经由生命的关系、付出与收获的能量循环，体现自身更大的价值。

如果公司创立的目的只是赤裸裸地追求最大利润，往往只会昙花一现，一两年内就会消失；纵观那些只有为客户和社会提供优质服务及优质产品的企业，才能长盛不衰，越做越大。因为不利他，最终只会损己。

稻盛和夫先生更是在《心》这本书中开门见山地提到，回顾迄今为止八十多载的人生，追忆超过半个世纪的经营者生涯，我现在想要告诉大家、想要留在这个世上的，基本上只有一件事，这就是"一切成功都归结于利他之心"。

1. 利益他人

心中满是自己，就无法看到别人，判断事物时首先考虑到的都

是自己，最终做出的决定也将是利己的。践行利他精神，就要在心中将自我放下，真正关注他人，做出正确的行为和判断。

他人优先，将自己放在后面，是一个人为人处世朴素而单纯的行为。而这种朴素的行为，就是利他之心的萌芽。在家庭中，首先要做一些让家人感到幸福的事情。在职场中，就要为同事和客户做力所能及的事。此外，还要尽可能地为自己所在的街道和社区做贡献。

利他，还有很多种表现形式。比如，给他人一个笑脸，给他人端一杯水，送他人一个小礼物，给他人排忧解难，让他人懂得建设完善自己、获得身心的全面发展……

真正的利他，是通过自己的努力，通过自己的"利他的心"，去让他人受益，让他人得以升级，促进他人成长，让他人意识到他的内心自足。

2. 孝敬父母

利他的另一个表现就是孝敬父母。毫不夸张地说，父母会用自己的生命去保护孩子，这是父母之爱的天生属性，无法从道理上讲明白。

父母发扬父母之爱时，不需要讲什么道理，他们根本就不会有意考虑"这是为了他人"之类的事情。比如，孩子生病有生命危险时，父母会想尽办法，哪怕缩短自己的寿命，也要救孩子。

如果不知道利他从何处着手，那么完全可以从孝敬父母开始。父母对孩子的爱是利他的极致，孩子爱父母也是利他。把父母放在比自己更重要的位置，孝顺父母，同样也是利他。如果对于血缘最近的父母都无法予以关爱，那就更不可能关爱别人。

人本来就有利他之心，但有时会被利己所遮蔽。只要把这个利己剥除，美好、闪闪发光的利他之心就能呈现出来。因此，为了让这样的利他之心呈现出来，就要倡导孩子孝敬父母。

爱自己原则：先跟自己做朋友，再谈爱众生

要想创造辉煌的财富，就要学会真正爱自己，跟自己做朋友。

爱自己不是自恋，不是自私自利，而是无论贫穷富有、疾病健康都依然爱自己、接纳自己。

一切利他的思想、语言和行为的开端，都是接受自己的一切并真心喜爱自己。如果连自己都不爱，自然就无法真正去爱他人。只有爱自己，才能爱别人、爱世界，才可能有真正的欢喜、安定和无畏，才能拥有广阔的胸襟，才能不断地吸引财富。

把爱自己等同于自私自利，这是误解。对自己不喜欢、不满意，就容易生出嫉妒心和怨恨心。自己也是众生中的一员，爱众生的同时为何把自己排除在外？因此，一定要好好认识自己，先跟自己做好朋友，再谈爱众生。

1. 悦纳自己

悦纳自己，是爱自己的第一步。在我们身上既有优点，也有缺点。如果你一直和自己说，讨厌自己的性格、讨厌身边的人、讨厌原生家庭，那在你眼里，这些缺点就会被无限放大，你会一直无法接受现实中那个不完美的自己。任何人都不是绝对完美的，太阳也存在黑子，更何况是人。只有接受自己的缺点，才是完全接纳自己，进而承认它们是真实自我的一部分。

2. 调节情绪

任何人都会有情绪不佳的时候。比如，被悲伤、焦虑或痛苦等情绪所困扰，当负面情绪来临时，很多人会习惯性地逃离，总想摆脱它。爱自己的人，往往都懂得察觉和识别自己的情绪变化，知道自己的负面情绪从何而来，之后会针对不同的原因有的放矢地进行调节。

用自己的内在频率去调节情绪，把情绪变成自己的朋友，好好地接纳它，你就能发现，不论是积极情绪，还是消极情绪，都能让我们生出前行的内在动力。

3. 呵护心灵

随着生活水平的提高，我们吃的食物种类越来越多，给身体供给着各种营养，却常常忘了大脑和心灵也需要补充养分。审视和理解自己，释放被压制的潜在能量，每天花点儿时间让身体和心灵放松，就能为自己的生命注入新的活力，从外向内给自己的心灵赋能。

呵护心灵，唤醒内在感知力，打开认知提升的通道，升级我们的能量场，就能活得更加舒展，财富也尽在掌握之中。

4. 尊重需求

在各种关系中，很多人会习惯性地委屈自己，把别人的需求放在自己需求的前面，似乎只有这样"无私"，才能显得自己合群。可是，你不把自己当回事，别人也不会把你当回事。尊重自己的需求，首先要尊重自己的感受，为自己而活。看清自己的内心，并用行动满足自己的需求，让自我尊重照亮通往幸福的道路，财富才能越聚越多。

5. 不要攀比

每个人都想活成别人的模样。但生活中的许多烦恼都源于我们盲目地和别人攀比，而忘了正视自己的生活。适当比较，是动力；一味攀比，是灾难。人生是公平的，每个人被分配的苹果都被咬过一口，只是被咬的位置不同罢了。你羡慕别人事业有成，却不知他疲于应酬，为没有时间陪伴家人而烦恼；你羡慕别人财富自由，却不知他总是苦闷焦虑，常为了员工管理发愁。

其实，很多时候我们都是看久了海想看山，看久了山想看海；尝遍山珍海味，就向往路边小吃。万事万物各有各的好坏，每个人也各有各的快乐与烦恼，也许你以为的平淡无奇，正是别人向往已久而不可得的美好。与其仰望别人，不如反躬自省；与其畏惧黑暗，不如提灯前行。虽然渴望完美，但也不要拒绝遗憾；虽然不能事事如意，但我们还有选择和改变的能力。

生活不是用来比较的，而是用来感受的。不要与人攀比，努力超越自己，把握自己的节奏，在自己的轨道上踏实前行，财富自然就会与你不期而遇。

宽恕原则：财富都喜欢心怀宽宥的人

如果把消极思想比作一棵树，那么树根就是"嗔心"，只要把树根砍掉，这棵树就活不长。而要砍掉这个树根，必须懂得如何宽恕。

1. 宽恕和原谅父母

现实中，很多人看起来刻板严肃，但他们对待父母却亲切有加。老人是家里的福运，善待老人，日子才能长久、生活才能圆满、财富才能更丰厚。

每个人都有年老的时候，父母的今天，就是我们的明天。善待老人就是善待自己。不管父母对你做过或正在做什么不好的事，都要完全、彻底地原谅他们。

父母都是凡人，不是完人，对他们敬爱、尊重，是作为子女最基本的道德品行；对他们理解、包容，是我们最基本的孝敬。

当父母年老的时候，对父母多些包容，通常要做到"五不嫌"。

（1）不嫌弃父母的"无能"。年轻时的父母也曾意气风发、朝气蓬勃；中年时的父母也能打能跳、驱狼赶虎。随着时间的流逝，父母渐渐衰老，看似非常简单的小事，他们也许都做不了，有时甚至连一块糖都剥不开。在尚且年轻的我们看来，父母真的太"无能"，不要嫌弃他们，要多一些耐心，因为你我未来也会有这么一天。

（2）不嫌弃父母的唠叨。唠唠叨叨、啰啰唆唆，是老年人的共同特点。有些话他们总是一遍又一遍地说，有些事他们总喜欢过问，他们却不知道，自己对儿女"无微不至"的关心，只会招来孩子们的厌烦。请理解他们，不要给予白眼和鄙视。

（3）不嫌弃父母的抱怨。随着年龄的增长，父母也会渐渐丧失做事的能力。虽然力不从心，但看到儿女做某件事不称自己的心时，他们也会有些抱怨。这很正常，请不要和他们较真儿。

（4）不嫌弃父母的迟缓。年老的人说话总是慢声慢语，还特别健忘，有时说了上句忘了下句；他们走路总是慢慢腾腾，脚底不稳，踉踉跄跄。要知道，他们年轻时可不是这样，请多些耐心，必要时搀扶一下，千万不要嘲讽或呵斥。

（5）不嫌弃父母的病痛。人老身体弱，病也多。生病时，我们会感到痛苦，父母生病时也会发出呻吟，或许需要你请假照料，会让你在农忙时撂下农活，甚至长期卧床不起的父母还需要你不离左右、天天伺候。要与父母换位思考，将心比心，不要烦躁，更别暴躁。

2. 宽恕伤害过或正在伤害你的人

在生活中，我们会遭受各种伤害，而这些伤害会成为生活的一种养料，让生命变得更刚毅、更坚强，更充满生机、活力和希望。

故事发生在 20 世纪 50 年代美国的一个农场里。为了方便拴牛，农场主在庄园的一棵榆树上箍了一个铁圈。随着榆树的长大，铁圈慢慢嵌进了树身，榆树的表皮留下一道深深的伤痕。

有一年，当地发现了一种奇怪的植物真菌，方圆几十公里的榆树全部死亡，只有那棵箍了铁圈的榆树存活下来。为了找到这棵榆树幸存下来的原因，植物学家对此产生了兴趣，于是组织人员进行研究。结果发现，正是那个给榆树带来伤痕的铁圈拯救了它。榆树从锈蚀的铁圈里吸收了大量铁元素，对真菌产生了特殊的抵抗力。

任何人都不会无缘无故地出现在你的生命中，每个出现在你生命中的人都有各自的因缘。爱你的人会带给你感动，你爱的人会让你学会付出，你不喜欢的人教你学会宽容与接纳，不喜欢你的人则会促使你自省与成长。

在工作或生活中，遇到伤害自己的人或跟自己敌对的人，无须与他们坦诚相待，也不用与他们成为好朋友，只要简单、完全地宽恕他们即可。你的事情有很多，为何要将大把的时间浪费在与人纠缠上呢？宽恕他们，不将它们放在心上，才是最明智的做法。

3. 宽恕你自己

不管你过去做过什么不好的事，都要真诚地忏悔并保证不再犯，然后宽恕自己。那么，怎样宽恕自己、抚慰心灵呢？

（1）客观地面对困境。把困境看作合乎自然的事情，当作是生活的一部分。

（2）相信天无绝人之路。"山重水复疑无路"之后一定是"柳暗花明又一村"。在追求财富的道路上，每个人都会面临难题，每个难题都会得到解决，每个困难都有转机，相信"逆境不久"的真理，相信自己总会有路可走。

（3）学会辩证、全面地看问题。不要把境况看得那么坏，要把遇到的不幸当成人生的宝贵经验，将其化为前进的动力。

（4）相信自己并没有那么差。相信自己，通过不懈的努力，以后任何事情都会做得更好。

宽恕和原谅不是为其他任何人，而是为自己，为了让自己在生命中不再背负痛苦与怨恨的包袱；为了让自己获得真正的解脱；为了让自己不时时刻刻被怨恨和负面情绪所吞噬、所负累。内疚，是一种沉重的精神枷锁，不会让你有所作为，只会阻碍你成为面貌焕然一新的人。从前种种，譬如昨日死；以后种种，譬如今日生。

相信自己并没有那么差，只要不断努力，今后的你定然能发展得更好。

负责原则：每个人都必须对自己的一切负责

对自己负责，就会向前看，看自己能做什么；依赖心重，只会往后看，盯着过去发生的、已经无法改变的事情长吁短叹。

事实上，能够为你负责的人只能是你自己。因为生命是自己的，不是他人的，你需要为自己的生命负责，对自己的选择负责，对自己的错误负责，为自己的行为、话语、心思、意念等负责。

对自己采取负责任的态度，浑身上下就会充满力量，不断地向更好的方向前行。同样，只有为自己负责，才能活出真正的生命，才能减少对他人的依赖，不把自己摆在受害者的位置上等待拯救，更不会停在原地怨天尤人。

1. 对自己的选择负责

处在人生选择的十字路口，每个人都曾经历过无所适从的时刻。每一个选择都有利有弊，不管你做什么样的选择，都会伴随各种的不确定，可能朝向有利的方向，也可能走向弊端。把自己的人生决定权交给别人，不想负责、不愿负责、不敢负责，把自己变成了一个提线木偶，是对自己的不负责任。

做决定时，参考他人的建议，根据自己的实力，权衡利弊，最终做出自己的选择。一旦做出决定，无论未来是什么样子，都是自己的选择，都要按照自己的选择来生活。

有个女孩为了谋求更好的发展去了深圳，她也曾犹豫过、纠结过，但最后依然选择了深圳。后来，每每看到有儿女陪伴的年迈老人，女孩都会驻足凝视，想起远在家乡的双亲。

不能陪伴父母是她内心深深的遗憾，但她尽自己所能去弥补那份缺失，不曾后悔当初的选择。

人生就是不断选择的累积，选择就是选择，无所谓对与错。成年人的世界，就要为自己的选择负责，承担后果，接受所有的可能性，纵然最后事与愿违，也不要后悔、不要自责。

2. 对自己的情绪负责

人人都有喜怒哀乐，出现不良情绪时，很多人都会将其归咎于外界和他人，觉得外界的某些人和事让自己心情不爽，觉得他人应该为自己的情绪负责。其实，抱怨过多，不仅无济于事，还会让自己陷入情绪的怪圈而无法自拔。

不可否认，不良情绪会产生一系列无法预知的连锁反应。比如，抱怨他人、迁怒他人，伤害到最亲近的人，甚至在关键时刻会毁了一个人一生的幸福。只有对自己的情绪负责，才能活得通透与潇洒。

小李本来跟客户约定，周五下午见面商谈合作事宜，结果客户公司遇到事情被迫取消了行程。

小李有些不高兴，但想着客户一定会主动给她打电话。于是周六就跟闺蜜出去逛了一天，结果一天过去了，手机依然静静地躺在那里。

小李有些不高兴，抱怨道："都整整一天了，也没见个信息，一点儿诚意都没有。就算有事，也该发个信息说一声吧。"半个小时后，她实在忍不住了，就给客户发了微信。结果，时间一分分过去，依旧没有回音。

小李有些委屈，生气地想："是不是看我年轻，瞧不起我！连个信息都不回。"小李意识到自己情绪上来了……

周日早上，小李手机响了，是客户打来的。原来周五客户家的老人进了急救室，叫救护车、交费、安排病房、看护，自己是独生子，没人分担，一个人楼上楼下地跑，等安顿好了老人，他也累倒了，结果直接就在老人的病床前睡着了。周六早上醒来，又是一同通忙活，忙完之后，这才意识到自己放了小李"鸽子"。他一个劲儿地给小李赔礼道歉，说等老人没问题了，会第一时间跟小李联系。

小李了解了事情的原委，也就释怀了。

成年人的世界里，要对自己的情绪负责，当情绪升起时，要觉察它，看到情绪背后的伤，进行自我治愈。比如，先做几个深呼吸，让自己平静下来。关于期待，如果别人能够满足，就要心存感恩；如果别人不能满足，就自己满足自己。

3. 对自己的行为负责

作为成年人，根据自己的阅历、知识和经验，就能预测出自己的行为可能会产生什么样的影响或后果，一旦某个行为带来了负面结果，很多人都会无意识地为自己的行为找借口，把责任推到外界或他人身上。

其实，推卸责任是人类的一种本能，也是回避痛苦的一种防御方式。而且，把责任推得一干二净，还是最简单、最直接的远离痛苦的方式。但在现实生活中，推卸责任，会让你失去他人的信任，影响人际关系，继而对财富的积累造成负面影响。没有担当的人，是对自己的不负责任，最终敷衍的都是自己的人生和财富。

　　成年人的世界，当发生不利的事件时，与其想方设法地推脱，不如正视现实、承担后果，找到问题所在，然后有针对性地去积极处理。

第八章
身体里洋溢着大能量，
财富就会奔向你

不活在别人的评价里是一种智慧

人与人之间像隔了一块透明玻璃，我们以为自己看得清楚，其实看到的只是表象。

"子非鱼，安知鱼之乐？"你并不了解别人的全部生活，不了解别人的所有，怎能仅凭几个碎片化的场景、只言片语就给别人定性。不轻易评价别人是一种修养，更是一种智慧。

每个人对生活的理解不同、追求不同，你的尺度不是别人的尺度，别人的看法不代表你的观点，别让别人的看法影响你的生活。即使知道对方的看法与自己不同，也要尊重他，不强迫他接受你的观点。

不活在别人的评价里是一种智慧。只要不涉及原则性的对错，别人说什么，你只要听听就行。你不可能让所有人都满意，又何必为了别人而委屈自己？别人永远是你的生活的旁观者，只有你自己才是你的生活的掌舵人。

被他人的言语包围是生命的常态，每个人都无法彻底无视他人的言语，但要注意这些人的言语是激励了你还是正在摧毁你。

不轻易评价别人，是一种修养；不活在别人的评价里，是一种自我提升。成熟的人，从不轻易评价别人，也不会活在别人的评价里。

1. 认真安排自己的人生

每一个人都是独一无二、不能被取代的，我们要无条件地接受自己的不一样，慎重地度过独一无二的人生。

天生我材必有用。当陌生人出现在你面前时，看到他的样子，你就能知道他要做什么。如果对方很斯文，让他去当将军，就会越看越不像。所以，有些人生来就扮演着天生适合他的角色。

各人有各人的理想，各人有各人的条件，各人有各人的需求，不能总拿自己与别人比来比去。不要嫉妒、不要羡慕，把自己的人生过好就行。

日常生活中，不要过多地在意世俗的评价。过分在意世俗的眼光，就会因自己表现不尽如人意而感到压抑，感到没有自信，甚至感到自卑。其实，别人说什么是别人的事，自己做什么是自己的事，整天活在别人的评论中，迟早有一天会受不了。

即使个人能力不强，被别人看不起，也没有什么好计较的，因为每个人的能力都不一样，有的人能力强，很可能是遗传了父母的优良基因，或者家里有条件供他去学习各种技能、见各种世面；有的人能力差，可能是他没条件去学习、去开阔视野。这些都是因人而异的。

现在，我们的很多焦虑不安都源于能力差异，有些东西根本无法改变，不用计较这些，只要认真安排自己的人生，照样能活得精彩。

2. 坚定信念，改变自己

接纳自己后，要坚定一个信念——我可以改变一切。

什么叫作信念？就是你相信它就会产生力量，你不相信它就没有力量。要想改变自己，唯一的方式就是调整自己的观念，同时找到一个合适的方向，而不能盲目乱闯。

3. 调整过程，笑纳结果

所谓笑纳，就是轻轻松松、快快乐乐地去接受它。

对于生活中发生的事情，所有的结果，我们都要笑纳。比如，摔了一跤，你摸摸头，发现没有摔伤，就觉得"幸好，幸好"，那不是很愉快吗？如果你一定要生气，认为自己不能摔跤，然后就沉浸在刚摔了一跤的痛苦与难堪中无法自拔。

我们无法控制结果，却可以调整过程。因此，要尽量调整过程，而不必计较结果。

财富的能量就是爱的能量

从本质上来说，财富就是侍奉生命、服务他人的物质载体。

作为人类集体意识的创造，财富是一股强大的能量。你以什么样的心态去使用财富，就会带来什么样的结果。如果你始终以匮乏的心态看待财富，你就是匮乏的；如果你用感恩的心态去看待财富，你的生命也会丰盛很多。

1. 和财富建立友善关系

回想一下：你是否曾经因为钱而心绪不宁，情绪阴晴不定？你是否担心钱不够用？一次突发的财务危机，是否将你吓坏？你是否因为得到一笔意外财富而欣喜若狂？在我们的一生中，每个人都会和财富建立一定的关系，即使这种关系会经历多次变化。

想想看，你和财富的关系好不好？是令人振奋的、健康的、界限清楚的关系？还是充满了冲突、收入不够、债务缠身、入不敷出，甚至于这种状态都形成了恶性循环？当你明确了这些问题的答案后，就能战胜自己内心深处的恐惧，给自己带来更清晰的认知。

当你的财务陷入困境，你觉得你的财富关系不太顺畅，并不代表这种情况会永远持续下去。其实，在你生命的每个当下，你的支出都会受到你当时财富的限制。你过去的财富处境取决于你当时的自我认知，只要把心打开，就可以把财富看成一种邀请，让你对自己更慈悲、更友好、更慷慨。

在我们探索自己与财富的关系时，可以先建立一份认知，在心底构建一份对财富的热爱。

财富的能量会一直陪伴着你，促使你快速学习和成长。如果你现在还无法感受到内在对财富的这份爱，也不用担心，你可以这样问自己：

现在你觉得钱够用吗？

你是不是把自己的全部精力都用在了赚钱上？

你是否将财富视作是自己缺乏安全感、缺乏支持、缺乏爱的罪魁祸首？

你人生中所有的不顺利是否都反映在了财务状况上？

只要有一个问题的答案是肯定的，那么为了让你的财富逐渐丰盈起来，你就要重新赋予自己财富能量，重新和财富建立友善的关系。

2. 鱼与熊掌可兼得

真正富足的人，通常都拥有一颗足够强大的心。因此，从现在开始，要放下"财富至上"的想法，试着去搞明白财富究竟是什么。

不可否认，财富很重要，但它也只是身外之物，即使财富有能量，也是人们附加上去的。财富只是一种交换系统，我们可以用钱来交换各种商品。

财富是通往结果的一个手段，你内心真正渴望的是你要的结果，即财富带来的感觉、你与财富的友善关系，而不仅仅是财富的多少。

财富是物质世界中象征力量的一个符号。当你有意识地创造自己的生活时，不要把焦点都放在财富的数目上，而要仔细理解或厘清拥有这些财富的真正原因是什么。

在生活中，如果你不断地为钱烦恼，这只会让你持续地陷入财务困境中不能自拔。而享受财富丰盈的感觉，会让你觉得活得更有目标，因此要对自己诚实一点儿，去看看：你是不是已经很习惯，甚至很享受这种为钱纠结的感觉，你是不是在不知不觉中一直都在助长这样的财务困境？

有些人下意识地认为钱充满铜臭味，拥有太多财富不利于自身修养，甚至误以为日子越困苦越有利于心灵的净化。这是不必要的联想，事实上我们永远都不需要在财富与心灵上做出取舍，完全可以做到两者兼得。静下心来对自己说："我有资格获得所有的一切。"这句话可以帮你转化信念，帮你体验到更加富足的生活，也会把你误以为不配得到的所有信念扫除干净。

所谓活得富足，就是完全走在自己的道路上，并如实地接受生命给予的一切，包括一段美好的关系、一笔巨大的财富、一种通透的能力，还可能是一份能够滋养你、让你感到完整、给周围的人带来好处的工作，又或者是对大自然的热爱及美好的人生体验。

进入高维空间需要具备的特质

要想创造财富，首先就要进行自我内在提升，提升认知维度，让自己的内心时刻在干净、平静、敬重等能量与特质中持续地自查、自省和自我完善。

这些特质都是吸引与创造财富的内在要素。方向不对，努力白费，方向对了，所有的一切才有可能被吸引与创造。只有内在丰盛、富足，拥有干净、平静、感恩、慈悲、敬重之心，才能吸引一切美好，当然这其中也包含财富。

现实中，很多人都喜欢到外面的世界去寻找财富，却忽视了自己才是财富的根源与种子。很多人之所以能获得现有的财富，也是他们内在的环境吸引和创造的。这是财富的法则与规律，只不过很多人还没了解这个真相而已。

从今天开始，精准地专注内在成长，探索内在的富足世界，持续呵护内心，滋养你想要的财富种子，你的世界也将开出财富的花朵，收获财富的果实。

心中有什么目标，心中是什么环境与特质，决定着外在的你投射和吸引的结果。如果你的内在环境是干净正向的，你看到的外在世界也是干净美好的。所以，如果你想要什么，那么就要先到你的心中去做功课。

外在的一切都是我们内在的显化，但它们只是我们人生的一面镜子，需要我们有意识地时刻照镜子，从外在的人、事、物上照见自己的人生。

只有发现问题，才能解决问题；只有解决问题，才能得到真正的成长。因此，要了解镜子的重要性，观他人的故事，悟自己的人生，无限提升自己的内在境界。

有容乃大，你的内在空间越大，能装进来的财富才能越多。

你看到什么，说明你内心有什么

苏东坡年轻时与佛印一起坐禅。

苏东坡说："大师，你看我坐在这里像什么？"

佛印说："你看起来像一尊佛。"

苏东坡听了却满脸坏笑着说："但我看你倒像一堆牛粪。"

佛印微微一笑。

回到家后，苏东坡把这件事兴奋地告诉了苏小妹。

苏小妹听完却说："哥哥你的境界太低了，因为心中有佛，看别人也会像佛；若只有牛粪，看别人也会像牛粪。"

别人是自己的一面镜子，你看别人像什么，你心中就有什么。看别人不顺眼，处处都要挑人刺，是因为自己的境界不够高。看人不顺，未必是别人不对，可能只是自己不能理解而已。所以，不要总想着改变别人，而是要先调整自己的心态，修好自己的心。

不成熟的人，通常都以自我为中心，把自己心中所认可的一切当作唯一，与他人意见相左时，就会认为都是别人的错。而成熟的人，则会允许、尊重别人与自己持有不同的观点，不会随随便便评论别人。

如果你看不惯别人，不要急着下判断，不妨换位思考，多了解一下对方，尊重对方的不同。面对那些自己看不惯的东西，不要指指点点，而是尝试着去包容或接纳。

所谓成熟，就是不断地去掉旺盛的执着心——看谁都顺眼，这是一种智慧，更是一种境界。

1. 懂得换位思考

南怀瑾在《论语别裁》里有这么一句话："人类号称是万物之灵，是人类自己在吹，也许在猪、牛、狗、马看起来，人是万物中最坏的，专吃我们猪、牛、狗、马。"

世间万事万物都有自己的立场，站在自己的立场上看起来天经地义的事情，易地而处，可能看起来并不那么顺眼。懂得换位思考，才能赢得他人的认可。

有一位妈妈喜欢带着五岁的孩子逛商场，但孩子却不喜欢去。妈妈感到很疑惑，商场里有那么多商品、那么热闹，孩子怎么就不喜欢呢？这位妈妈一度以为是孩子故意跟自己闹别扭。直到偶然发生了一件事，让她改变了这种认知。

这天，这位母亲带着孩子在商场转悠，孩子的鞋带开了，母亲蹲下身子为孩子系鞋带，发现了一个从未见过的可怕景象：眼前晃动着的全是大腿和胳膊。于是，她抱起孩子，快步走出商场。从此，即使是必须带孩子去商场的时候，她也要把孩子抱起来。

不同的角度，会让我们看到完全不同的东西。真正成熟的人，都懂得换位思考，会站在别人的角度去考虑问题。

2. 不轻易做判断

孔子带着弟子周游列国时，有一次孔子和弟子们连续七天都没有吃到米饭。颜回从外面找到一些米，拿去煮饭。

米饭快熟的时候，孔子猛然瞥见颜回掀起锅盖，抓了一把米饭往嘴里塞。孔子默默地离开，装作没看见，也没有责问颜回。

等颜回煮好了饭，将饭食献给孔子的时候，孔子才说："我刚刚梦到祖先了，我们应该把这锅没有动过的白米饭先用来祭祀祖先。"

颜回立刻拒绝："不行。这锅饭我刚才已经吃了一口了，不能用作祭祀。"孔子看着颜回说："你为什么要这样做呢？"

颜回说："刚才煮饭的时候，房梁上的灰尘落进了锅里，我觉得沾了灰的白饭扔掉可惜，就抓起来吃了。"

孔子听后，教育弟子们说："平时，我最信任的就是颜回，可是今天见到他抓饭，我还是对他产生了怀疑。你们要牢记这件事，不要随意用自己的看法去度量别人，要了解一个人，真的不是件容易的事情啊！"

有时候，即使是亲眼看到的，也未必就是正确的。凡事应当从多种角度去分析、认识，过于主观地去"我认为、我觉得"，将很容易造成误会。

3. 尊重别人的不同

庄子说："子非鱼，安知鱼之乐？"每个人都有自己的活法，都有不同的生活方式、兴趣爱好。面对那些自己不能理解的人或事，要以宽容的心态去包容。

有一对夫妻，丈夫很喜欢吃榴梿，妻子却觉得榴梿特别臭。但每次陪丈夫逛水果店时，妻子都会买榴梿回来，丈夫会在小区的草坪上把榴梿吃掉，然后嚼两粒口香糖，防止把味道带回家里。结婚几十年，两人一直相安无事。

心里有什么，就会吸引来什么

几年前，日本作家江本胜写过一本《水知道答案》的书，引起了世界范围的广泛关注。这本书认为，水就像一面镜子，它们在结晶状态下常会同步反映出人类的情感波动，给装水的瓶壁上贴上不同的字或照片让水"看"，结果不管是哪种语言，看到"谢谢"的水结晶会非常清晰地呈现出美丽的六角形；看到"混蛋"或"烦死了"字样的水结晶则破碎而零散。

因此，他得出一个结论：水是有意识的，当它"感受"到了美好与正面的情感时，结晶就显得十分美丽；当它"感受"到丑恶与负面的情感时，结晶往往显得凌乱不规则。

从这个意义上来理解，不仅水是有意识的，万物皆如此。如果"水知道答案"，那财富肯定也知道，万物都知道答案。财富是一面镜子，可以投射不同使用者的心灵意识；财富也是一种关系，是人与人之间关系的一面镜子，能反映出你和世界上的其他人、事、物的关系是否和谐。

无法正视让自己恐惧的事物，做事情就没有自由。越想逃避什么或越想压制什么，反而越会加深对这些事物的恐惧。而这种恐惧感也会投射到自己生活中的其他事物上。比如，工作和财富等。

这里有段人与财富的对话是这样说的。

人：成功者都具备什么特质？

财富：他们愿意为更多人服务，尤其是能够为更多的人创造价值。

人：我明白了，成功者都是能为更多人创造价值的人，是这样吗？

财富：是的。

人：成功者都分布在哪些行业呢？

财富：各行各业都有。每个行业、领域都可以创造出巨大的价值，都有很多成功者。只要心怀大爱，在你的工作岗位上更多地服务他人、创造价值，就可以拥有更多财富，从而成为你所在领域里的成功者。

人：有些行业不是我喜欢的，我又该怎样创造价值呢？

财富：只有做自己最喜欢、最感兴趣的工作，才能为更多的人创造更多的价值。

人：内心释怀了所有的恐惧和挂碍，单纯地做自己喜欢的、令

167

自己开心的事情，财富就会不请自来。

财富：心存恐惧的人不仅害怕把钱花出去，也害怕拥有钱。

人：害怕拥有钱？怎么会呢？

财富：是啊！表面上看起来每个人都喜欢钱，但有些人的潜意识里却害怕拥有更多的钱。比如，担心钱多了会被人骗，怕自己或家人不安全等。他们脑子里想的与内心真实的情况是完全相反的，是矛盾的。

想要有钱先让自己值钱

要想成为亿万富翁，你的思想言行首先就要带着亿万富翁的特质。

包括财富在内的一切人、事、物都是由内在能量决定的，如果你觉得自己是个普通人，没有好的特质，且不积极改变自己，"成为富翁"就只能是你永远实现不了的梦想。

为了帮助大家快速成为成功者，这里分享一些成功者的特质：相信、勇气、决断力和获得感。

1. 相信

有位女孩内向胆小，缺乏自信，总是怀疑自己，不相信自己能够获得成功。这种性格的形成跟她的原生家庭有很大的关系。她从小就时常遭受父母的无端训斥，尤其是脾气暴躁的父亲，只要一看到她一点点错处，就会呵斥她。父母的这种态度，给女孩造成了严重的心理创伤，她敏感而自卑。

为了改变自己的这种糟糕状态，女孩找了心理医生咨询。心理医生让一位男士扮演爸爸，让女孩扮演小时候的自己。

当女孩开始哭的时候，男士马上训斥道："哭什么哭，天天就知道哭，除了哭，你还会做什么？烦死人了！"

女孩的状态发生了明显改变，甚至情不自禁地打了个寒战。

看到这样的情形，医生立刻将手放到女孩的背后，说："告诉你爸爸，你是值得的。"

女孩似乎感受到了力量，当即挺直后背，看着"爸爸"的眼睛，大声说："我是值得的！"说完这句话后，她整个人都变得神采奕奕，激动得热泪盈眶。

这样的举动让她感到自己浑身都充满了力量，似乎有电流流经她的全身。从此之后，她牢牢记住了这句话："我是值得的！"

"我是值得的！"拥有神奇的力量，不管处于怎样的状态，只要听到这句话，我们都会深受震撼，改变自己，实现自我成长。

2. 勇气

勇气是一种非常重要的品质，它是人们面对挑战、困难、危险和逆境时的关键力量。

勇气不仅是一种行为，更是一种心态，一种面对生活的态度。

年轻人杰克曾经是一个胆小怕事的人，害怕面对挑战和困难，害怕失败和被批评。后来，他决定改变自己，尝试一些自己从未尝试过的事情。

杰克很快就加入了一支探险队，他跟着队员一起去探索一个未知岛屿。这座岛屿人迹罕至，岛上充满了未知的危险。在探险的过程中，杰克遇到了很多困难和挑战，但他并没有放弃，而是勇敢地面对。最终，他和队员们一起成功地找到了这个神秘的岛屿，并完成了挑战。

这个故事告诉我们，勇气是非常重要的。只有当你有勇气面对挑战和困难时，才能够取得成功。害怕面对挑战，你很可能会放弃，或者选择逃避。但是，只要你有勇气，就能够克服困难，取得成功。

3. 决断力

为了提高自己的决断力，可以从以下几方面做起：

（1）自己做决定。为了提高决断力，可以试着自己做决定，从小事开始，从简单的事情入手。比如，买衣服的时候，买哪种款式，不要总是东问西问，完全可以自己做决定。你要培养一种意识，即"我是自己人生唯一的操盘者，只有我有权决定自己的人生并为其负责"。

（2）独立思考。遇到问题，不要关注大众的判断，要多问问自己："我怎么想？我会怎么做？"要用自己的大脑去判断和分析，尽可能地减少外界对自己的影响。

（3）定期"断舍离"。"断舍离"的对象可以是你的人际关系、你的朋友圈，也可以是你的衣柜，定期清理它们，也是一个提高决断力的好习惯。在清理的过程中，为了提高自己的决断力，要自己去回顾、去判断及处理一些事项。

（4）主动承担。我们常常说一个人很有魄力。什么叫有魄力？其实就是敢于做决断，敢于主动承担责任。事实证明，一个人最有魅力的时候，就是他主动承担责任的时候。举个简单的例子，项目出现问题，你第一时间出现，替公司处理、解决问题，就是一种主动承担责任的表现。

日常生活中，锻炼决断力的机会到处都是，抓住每一次机会，就能培养自己的决断力。如果觉得自己能力不足，不敢承担，也可以一步步来，先迈出第一步，以后你的步子就会越来越稳，决断力也会越来越强。

4.获得感

心理是一个人行为的底层逻辑代码，内心深处的获得感可以影响一个人在精神和物质方面所能达到的财富高度。

获得感低的人，在潜意识里觉得自己不够好，不配得到更大的幸福，即使有，也会表现得受宠若惊，不知如何是好。他们很在意别人的评价，容易自我否定和攻击，即使得到了幸福，也会因为不自信而失去。获得感高的人，自我价值评价很高，相信自己有资格得到更好的，只要有机会，就会毫不犹豫地牢牢抓住幸福、自由、美、爱、财富和更多的尊敬与社会地位。

那么，如何提高自己的获得感呢？

（1）激活获得感，相信"相信的力量"。获得感是一种主观感受，我们要打破通过外界定义自己的模式，对自己有个正向的评估，既不自负，也不自卑，在潜意识里真正认可自己的那一刻，就能梦想成真；不断地肯定自我，就能激活获得感。同时，还要养成正向反馈的习惯，及时判断出不良的环境氛围，并保持与外界优秀人士的沟通交流，主动吸收更多的正向信息。

（2）在热爱之上绽放。做自己喜爱的事，容易让自己有成就感，增强自信心。很多人的苦恼在于对自己所做的事情没兴趣、没梦想、没目标，感到深深的迷茫，不清楚天赋究竟是什么。而现实中，当你对某件事情发自内心地喜爱时，即使没报酬，依然会乐此不疲。比如，喜欢吃美食，就会寻遍人间烟火气息；喜欢运动，就去奔跑、跳跃和沐浴阳光；喜欢赚钱，就会主动观察，努力寻找商机……在你所爱的事物里，藏着你的天赋，自我调节、自我充盈和自我认可，比什么都幸福。拥有获得感，你想要的都会自然而来。

自查一下：看看自己的每个特质是多少分，最高分为100分。如果你想成为成功者，就要把每个特质都提升到满分。在这个过程中，你要改变以前的生命模式与特质，检验当下自己的言行是不是有价值，是不是成功者应有的特质，离你想要的目标是远，还是近。

练习一段时间后，你就会发现这是一趟美妙而神奇的蜕变之旅，你会为自己的付出和收获感到惊喜。所以，所有的一切都来自成长，想要的外在财富越多，越要努力地让内在无限成长。开发成功者的潜能，是一个内求的过程，你最大的贵人就是自己，相信自己，立即行动起来，你很可能会成为下一个成功者。

智慧也是一种高级的、看不见的能量

智慧是一种能量，甚至还是一种高级的、看不见的能量。

个人能力的大小，关键要看他的智慧。智慧是成功者具有强大号召力的根本原因。成功者内心蕴藏着无穷的智慧，只要心念一动，就会调动大量的能量，帮助他们完成所要完成的事业。

1. 静不下来，不会有大智慧

要想获得智慧能量，需要"致虚极""守静笃"。静不下来的人，是不可能拥有大智慧的。

有一个木匠，在自家的院子里干活。他的生意非常好，每天从早到晚，院子里锯子声和锤子声响成一片，地上堆满了刨花和锯末。

一天黄昏时分，木匠站在一个很高的台子上，跟徒弟一起拉大锯，锯一根粗大的木料。锯来锯去，一不小心，手腕上的手表链断了，手表直接掉到了地上的锯末堆里。

当时，手表是贵重物品。木匠立刻停下来寻找，几个徒弟也过来帮忙，可是地上锯末太多，找了很长时间也没找到。

看到这个情景，木匠说："算了，不找了，锁上门，等明天天亮再找吧。"说完，就让徒弟们收拾东西，准备吃饭、睡觉。

过了一会儿，小儿子跑过来说："爸爸，你看，我找到手表了。"

木匠很奇怪，便问："我们这么多大人，打着灯笼都找不到一块小小的手表，你是怎么找到的？"

孩子说："你们都走了，我一个人在院子里玩。没人干活了，院子就安静下来。我听到了嘀嗒、嘀嗒的声音，顺着声音找过去，一扒拉就找到手表了。"

这个故事告诉我们，在我们的一生中，会遇到许多事情，遇到难以解决的问题，我们的心就会被盘根错节的烦恼纠缠住，茫然不知如何面对，其实只要静下心来处理，很多问题都会迎刃而解。

2. 个人拥有的能量跟他的胸怀成正比

个人拥有的能量跟他的胸怀成正比。胸怀有多大，吸取的能量就有多大，能量越大，能力越强。

（1）敞开胸怀的最好方法就是回归原点，从原点去审视所有的事情。

人的成长是一个不断敞开胸怀的过程，而敞开胸怀的最好方法就是回归原点，看到每件事情的发生和发展过程，知道自己最需要做的是什么，继而释放自己的潜能，让自己的内心变得更为强大。

回归原点，意味着当一件事发生时，不要急于下判断，也不要急于限制自己，而是去思考这件事为何这样发生，其背后的逻辑和思维特质是什么。

懂得拆分事情的发展过程，就能对事情的进展了如指掌。面对没有做成功的事情，如果不懂得回归到事情的原点，就会变得自我批判，自怨自艾，认为自己没有天赋，或自己没有资源等。陷入这种自我批判，是不可能看到事情真相的。只有回归原点，对某件事没有做成的原因进行分析，去思考整个过程的优化和需要进步的空间，胸怀才能被无限打开，才不会被表面的失败击垮，进而继续成长。

（2）敞开胸怀最有力的方法是正视和接纳。很多人之所以活得痛苦，往往是因为他们不愿意接受发生在自己身上的事情，要么活在过去，要么活在未来，唯独没有活在现在。那些已经发生的痛苦，其实是生命给我们的成长考验，要坦然接受。

痛苦不会让我们变得麻木，而是会让我们审视自己成长的历程，这也是我们面对痛苦的最大意义。

举个例子。失恋了，如果你感到痛苦万分，整日借酒消愁，你的世界就会变得越来越小。要正视和接纳失恋这一现实，认真总结原因，勇敢解剖自己，看到自己需要面对的现实，才是最关键的。比如，有人失恋是因为对另一半的控制欲太强，有人失恋是因为不给彼此空间、缺乏安全感等。

失恋，并不完全是一件坏事，当我们敞开胸怀的时候，内在的生命空间也会被无限地打开。如此就能看到自己的成长。

内心真正强大的人都会敞开自己的胸怀，他们会接纳生命中发生的所有事，懂得正视和接纳，成就最好的自己。

第九章
了解财富的法则，
收获最大的回报

创造和驾驭财富的法则

大学毕业时，小李跟父母索要毕业礼物。父母问她要什么，她说想买一个 2 万元的名牌包包。父母问她为何要买这么贵的，她说同学买了一款，她也要有。

小李刚参加工作时，月薪 5000 元左右，但月开支却是收入的几倍，因为只要看到同事买了什么东西她便要拥有，甚至要更好的。一件衣服，至少要 1000 多元，包包至少要七八千元的，即使买双鞋，也要几千元。

每个月小李都在提前消费，资金不够了，就拆东墙补西墙，不仅成了典型的"啃老族"，还四处向朋友借钱，求助于花呗、信用卡、白条等各种金融产品更是常态。

有一次，小李参加大学同学聚会。舍友问她："你为什么非要买这么贵的东西？我觉得目前以你的工作环境和经济能力，完全消费不起这些奢侈品，更没有必要。"小李却理直气壮地说："我就是要对自己好点儿，就是要过得精致。如果什么都嫌贵，别人就会觉得你便宜。"

听到这样的回复，同学感到有些无奈。

迷茫于消费主义的"精致感"，过分在意别人的看法，只会让我们丢了血汗钱，失去了对财富的思考。其实，普通人与富人的状态，并不只是差一款奢侈品，而是差一种富人思维：如何用钱，如何驾驭财富。我们需要做的是让金钱为我们服务，而不是我们付出的一切都是为了钱。

为了攀比或满足自己的虚荣心，一味透支和超前消费，会让我们的钱包越来越薄；不仅不会"钱生钱"，还会使我们满足虚荣心的欲望越来越大。

古话说："由俭入奢易，由奢入俭难。"如果你有足够强大的经济实力，即使买再贵的东西，也没什么不可以，但对于普通工薪族来说，像小李这样的消费观点确实要不得。

那么，如何才能成功地创造财富和驾驭财富呢？

首先，要读懂人性、驾驭人性。无法读懂自己的生命说明书，就无法读懂他人的生命说明书；无法驾驭自己的习性与人性，自然就不能驾驭他人的习性与人性。只有知道自己的需求是什么，才能知道他人的需求是什么。

每个人的需求都一样，差别只是阶段不同而已。掌握了人性的六大需求，即安全感、重要性、变化性、爱、成长、贡献，也就掌握了人性的法则，就可以轻而易举地驾驭人性。自查一下：自己缺少什么，每天向自己的关系索取了什么，自己又付出了什么。

其次，只能给自己有的、索取自己没有的。只有通过自我的内在成长，拥有自我满足六大需求的能力，才能真正地开启与唤醒内在特质，在自我满足的旅途中，收获最大的生命财富，即发自内心的喜悦与成长。因为一切美好与幸福都在我们的内心，都会在自我满足六大需求的成长过程中体验到。

思考一下，在亲密关系中，对方的思想言行背后是不是都在表达他需要这六大需求呢？

知己知彼，百战不殆。只有知道对方想要什么，我们才能给什么。很多恋人或夫妻之所以总是吵架，就是因为大家都不懂对方的需求与意图，很难沟通。长期下来，矛盾越来越多、越来越大，甚至导致分手。

不知道自己的需求是什么，还总是向别人索取这六大需求，会让亲密关系出现不和谐，产生很多烦恼与痛苦。因为有索取就会有抱怨和打压，内心就容易产生求之而不得之苦。

幸福的捷径隐藏在每个人的内心，不在外面的任何人身上。在这个世界上，没人能全部满足你的六大需求，只有你自己。放下对他人的期许，自修自得，就能成功地满足自我，成为内心最富有、最幸福的人。那时你就能看懂别人当下的需求，并有能力满足他们的需求，从索取者变成给予者，你的生命状态也会变得和谐友爱而且富足，你的生命也就开启了奇迹之旅。

财富的灵性法则

财富的灵性有着自己的法则。

1. 让别人挣到钱，你才能得到更多的财富

这就是"先舍才能得，先付出再收获"的道理。赚钱的效率取决于一个人的气度。

李嘉诚 14 岁开始经商，22 岁着手创业，通过不懈努力，30 岁就成为千万富翁，这无疑是商界的一个神话。他只用了短短几十年，就拥有了几代人都难以创造的财富。原因何在？一个原因就是他懂得让利给他人，厚道做事。这一点，从他儿子李泽楷的一段话中可知："父亲叮嘱过我，跟别人做生意时，如果你拿七分、八分都是合理的，那么咱就只拿六分。"

做生意就是这样，你让别人多赚两分，别人就会记着你的好，长久下来，既能稳固合作关系，又能树立好口碑，吸引来更多的合作对象，财富自然就会在无形中越聚越多。

2. 占便宜等于吃亏

《菜根谭》中说："不求非分之福，不贪无故之获。"不是自己应得的东西，却无缘无故得到，眼界不高的人，看不透背后的利弊，容易日后招致灾祸。说得通俗一点儿就是，拿了自己不该拿的东西，得了自己不该得的东西，早晚都要加倍还回去。

一个女留学生毕业后想留在国外，为了找到理想的工作，她四处投简历。可是，一个月很快过去，她没有收到任何企业的录用通知。

这天，女生再次被用人单位拒绝，心有不甘的她忍不住问面试官："你们国家是否不愿意录用非本国毕业生，对我有歧视？"

面试官看了看她，然后给出了一个耐人寻味的回复："我们公司非常认可你的能力，在众多面试者中，你的教育背景和学术能力最为突出，各方面都很符合公司要求。但当公司查看你的信用记录时，发现你有三次逃票记录，我们公司是不会录用你的。"

女孩觉得很不可思议，因为在她心目中，这些都是小事。

面试官却摇头，说道："小事？我们并不认为这是小事。你第一次逃票出现在来我们国家后的第一个星期，检查人员询问原因时，你说自己不熟悉自助售票系统，他们相信你，给你补了票。但在这之后，你又出现了两次逃票的经历。"

女孩努力为自己争辩，说自己当时没带零钱。

面试官却不相信她，他们从有限的记录中，推测出女孩曾不止三次这样做过。而且通过这件事，足以说明两点：第一，女孩很擅长发现规则中的漏洞并恶意利用。第二，女孩不值得信任。而公司许多工作要依靠信任进行，一旦安排她负责某个地区的市场开发，公司将赋予她许多职权。他们公司还没有设立严密的监督机构来预防此类事情的发生，所以他们没法雇佣她。

女孩听后懊悔不已，曾经用小聪明占了许多便宜，结果却吃了大亏。

爱因斯坦说："没有侥幸这回事，最偶然的意外，似乎也都是事有必然。"得来的小便宜，很可能会成为自己人生路上的绊脚石，坑了自己，得不偿失。

3. 慷慨付出，坦然接受

有的人只知道付出，不懂得接受，其实付出就是付给自己。因此，我们要慷慨付出，坦然接受。

4. 将内在的匮乏交给老天

发现自己担心财富问题，就要大声地对老天说："苍天啊，我将内在的匮乏交给你，我要获得财务上的自由。"这样做的前提是要完全信任它，如果想富有又为没钱而担心，你是不会富有的。

5. 出于需要而不是占有

对于自己不喜欢或不需要的东西，要及时清理。因为占有这个东西没有体现出真正的价值，它在你那里就是负能量。

6. 喜欢囤积是内心匮乏

看到打折就有购物欲；原计划买一个，却担心不够，就多买几个；点两个菜就够了，偏要再多加几个……这些行为都体现了内心的匮乏。

7. 你值得拥有美好

试着做一些你不曾做过的美好事情。比如，与伴侣共进一顿美妙的晚餐，穿一条性感的裙子，购买一束美丽的鲜花，或者做个美甲、装修一下房子等。

财富的核心法则

财富是一面镜子，总会不经意地让人看到自己内心的恐惧。财富也是一种能量，遵循着吸引定律的法则，被正面的能量、富足的感觉、快乐的情绪和无私的付出深深吸引着。

现实中，很多人都在用时间、体力和智力创造财富，但这些创造是有限的。作为一种工具，财富传导着你赋予它的能量，与金钱打交道时，表面上是交易、消费，其实是人们正在以特定的态度在刻意营造的场景中对事物的价值和意义进行解读。

在大的方向上，财富被赋予了两极化的能量：向上的高频能量是富足的显化，向下的低频能量是匮乏的索取。不懂得利用财富的能量来拓展生命的意义，只知道仰视财富，无法支配财富，就只能被财富支配。但很少有人知道，我们对财富的态度也就是自己对它赋予的高低频率的动机。

享受当下的生活，是使用财富的正确方式之一。不论你居住在30平方米的小屋，还是500平方米的豪华别墅，都应该感恩现在拥有的一切。

　　财富是一种能量，需要流动起来，财富进进出出很正常。如果花钱能让你享受到美味的食物、购买裙子能让你打扮自己、外出旅游能让你探索世界的新奇，你就跟财富成了好朋友，你的内心就是富足的，只要一直保持这种状态，财富就不会远离你。

　　相反，如果你没有足够的财富来满足自己的物质愿望，看到他人拥有什么，就眼红甚至仇富，你的内心就是匮乏的。你看到别人住着自己的大房子、开着好车，而自己没有，你应该通过这些来审视自己当下的行动是否在朝着这个美好的愿望和目标前进。之后调整自己，把握机会，努力实现愿望，才是当下的重点。要勇敢地迈出步伐，证明自己值得拥有；你也可以改变自己的愿望，适当调整自己的目标，让自己的内心更加容易满足，从而获得喜悦。

　　财富的疗愈作用就是给予自己、他人和世界美好的体验，同时用来审视自己。认真思考一下：

　　你与财富的关系如何？

　　你赋予财富的能量如何？

　　你的财富愿望和目标是多少？

　　你正在积极地享受生活并且朝着愿望和目标从容地前进吗？

　　金钱的价值在于，遇到一个真正感到开心的人，把它用到让人感到开心的事情上。

　　从更大的范围来看，财富是一股能量之流，会从一个地方跑到另一个地方。个人没有失去金钱的想法，它们也不会真的失去。如此，金钱即使被花出去，也只是在外面短暂停留。越担心恐惧，你的钱在外面停留的时间越久；感觉越喜悦丰足，金钱才会越快越多地回到你的身边。

从更高系统层面看，投资并不存在，只是能量之流在实现它本身的循环而已。而能量的循环形式，就是所谓的投资。所谓投资，就是钱从一个地方到另一个地方、从一个账户到另一个账户的流动，产生出来的错觉。这种感觉多数都来自能量从无形资源（想法）到有形资源（物质）的转换。

越能看到无形资源的存在，越能感觉到丰盛。试问，你看到身边存在哪些无形的资源？注意力所在，定会成为现实。而投资者最大的投资就是去除自己内心的恐惧，去除所有关于财富的限制性信念。个人内在有恐惧，无论怎样运作吸引力法则，都只能吸引更多的恐惧。

一流的投资者通常都比别人更懂得降伏自己的心，懂得如何去除自己内心的恐惧，把自己带到丰盛之中。

财富的显化法则

人们努力追求财务自由，最大的原因就在于：当你获得财务自由后，自己就能充分履行自己的人生使命。这是一种非常美好的、拥有财富的态度。因为我们拥有财富的目的，就是为了实现更美好的人生愿景及造福他人。

现实中，一部分人在潜意识里认为财富充满铜臭味，一旦抱有这种想法，生活里就不可能拥有大量财富。因为在他们的潜意识里，会尽可能地用人类所能够想到的所有方法推离财富，以保证自己的"纯净"。

虽然很多人表面上看起来非常爱钱，但潜意识中都有一种无意识的想法，认为财富是产生问题的根源，容易让人腐败堕落。其实，真正的富豪从不迷恋财富，他们只珍惜财富。他们坚信，财富的价值在于如何使用，他们会借助财富的杠杆达到自己的目标，但又不会过分迷恋财富。二者之间存在巨大的差异。

财富本身不具备任何价值，除非利用它来践行你的梦想，建立你的企业、为他人创造价值等。所以，在使用财富时，怀着感恩的心，对自己用财富交换到的物品或服务表达真实的喜悦和尊重，才能让财富发挥最大价值。

不允许自己花钱或随便乱花钱，都不是正确的财富观。不允许自己花钱的限制性想法，会让我们无法分享自己，无论是财富、时间或拥有的其他东西，通常表现为"我拥有的还不够，所以我不能分享"，或者"如果我让它离开，我的生活中将无法找到这样好或者更好的了"。匮乏的频率会使得我们处于担心之中，害怕"没有"，担心"不够"，充满对物质生活的恐惧。

随便乱花钱的限制性思维模式，会让我们总是努力地试图与自己的收支较劲，保持平衡，并且想知道钱去了哪里。然而，我们却发现，自己无法预知财富的走向，财富就会跑掉。只有清理并转化这些限制性想法，认清财富的真正价值，才能将财富运用到真正需要它的地方。

在你支付每一笔钱的时候都带着感恩的心，财富能量就会自动流转，发挥功效，在不知不觉中源源不断地进入我们的生活。记住，财富只是爱与感谢的一种表达。

1. 言行一致是成功的开始

一个人言行不一致，很容易在他人面前失去信任和尊重，别人会觉得你不可靠。同时，这也会导致人际关系的紊乱，因为没人会相信你，也没人愿意与你交往。最后，还会影响你人格的发展，影响你的人生发展。

郭沫若在《屈原》第四幕中这样写道："我言行一致，表里如一，事实俱在，我虽死不移。"从这里可以看出，要做到言行一致需要有两个方面，分别是"言"和"行"。

言和行要一致，意味着要说到做到，做人要靠谱、要诚实。这里，就涉及能不能清楚地认识自己，能否认识到自己的能力和自己所知，认识到哪些是自己可以做到的、哪些是自己做不到的。只有清楚地了解自己，才能做到言行一致，否则只能是说一套做一套。

了解了自己的实力后，要少说多做，做自己能做的事情，做自己有把握的事情，对于可能出现的意外，进行合理的评估，对于出现的变化进行有效的沟通。

要做到少说多做，需要学会闭嘴，学会实践。现实中很多人都在学习、阅读，有些人却认为只要将书读完就学会了，其实却缺少了行动这个环节。

2. 所有成功者都是付出者

《左传》中有句话："君以此始，则必以此终。"有舍才有得，舍弃虚伪，就会获得真诚；舍弃无聊，就会获得充实；舍弃浮躁，就会获得踏实；舍弃功利，就能回归平淡。

舍是一种仁慈的德行，更是一种人生境界。

在飞速行驶的列车上，一位老人不小心将刚买的新鞋从窗口掉下去一只，周围的旅客都感到很惋惜，让人没想到的是，老人竟然果断地将剩下的一只也扔了下去。

众人感到很疑惑，老人却从容一笑："无论多么昂贵的鞋，剩下一只，对我来说，都没有什么意义。把它扔下去，捡到它的人就能得到一双新鞋，说不定他还能穿呢。"

丢了一只鞋后，老人毅然丢下另一只鞋，这便是懂得了舍的智慧。与其抱残守缺，不如全部舍去，给别人带来幸福，也会避免自己在遗憾中自怨自艾，同时还能培养仁慈之心。什么都舍不得，最终什么都得不到。双手握得太紧，手中什么也没有。只有放开双手，才能握住整个世界。

人活一世，越想得到的东西、越舍不得的东西，越容易被忽视，也越容易失去。因此，做人一定要懂得舍与得，在舍与得之间，学会放手，学会获取。只有用毅力、汗水和坚持，全心全意地为自己的未来付出，才能得到属于自己的收获和辉煌。

3. 永远保持谦虚的态度

人生没有绝对的高低、好坏和贵贱。自古以来，越是礼贤下士

189

的人，越能以贤名流芳；越是不耻下问的人，越能以学问传世。所以，与人交往，要能做到"老爱小""小敬老"。

懂得谦让的人，定然是个虚怀若谷的人，拥有海纳百川的心胸气量，人生之路也会好走很多。

4. 态度好的人赚钱的机会比较多

（1）不攀比。我们之所以会感到累，有时是源于生活的压力，但大部分是因为内心的攀比。其实，每个人都有各自的苦衷，多数人只看到了别人令人艳羡的一面，很少有人会关注其背后的辛酸。世间没有十全十美的人生，只有最适合自己的。树木有天空的辽阔，小草也有大地的宽广，与人相处，不攀比、懂知足，生活自会其乐无穷，财富也就不请自来。

（2）不计较。人生在世，总会遇到不顺心的人或事，总是斤斤计较，只会浪费时间和心血。与其消耗自己，不如后退一步。退一步，不仅是放过他人，更是让自己解脱。只有内心不计较，才能感悟到生命的美好；只有不跟他人计较，脸上才能微笑常伴。计较得少，幸福便多；计较得多，幸福便少。不计较，懂退让，方能看到更多美景，才能拥有更广阔的财富空间。

（3）不嫉妒。嫉妒是一种极其强大的能量，不仅会影响我们的生活，更会吞噬我们的心灵。嫉妒心强的人，只要看到别人比自己过得好，就心生嫉妒，甚至去破坏别人。《三国演义》中，周瑜就是一个心胸极其狭隘的人，他十分嫉妒诸葛亮的才华，多次陷害诸葛亮。不料，诸葛亮反其道行之，破解了他的算计，使他赔了夫人又折兵，最终气急攻心，英年早逝。嫉妒是一种病，不仅会伤到他人，更会害了我们自己。人不嫉妒，懂提升，才能拥有更多。

（4）不焦虑。很多时候，我们之所以会焦虑，是因为对未来感到恐慌和害怕。该发生的注定会发生，既不要担忧，更不要逃避。不该发生的，终不会发生，不要让自己陷入无谓的恐慌中。做好当下的事情，踏踏实实地过好每一天，便是最好的选择。做人，不焦虑、放宽心，才能收获幸福和更多的财富。

（5）不抱怨。人生总会遇到许多不如意的事情，一味抱怨，只会将不如意的小事无限放大，最终折磨的是自己。抱怨如同慢性毒药一般，会在无形之中伤害自己。喜欢抱怨的人，只盯着眼前的不满，无法看见远处的美景；抓住愤懑不放，自然就不能拥抱阳光。如果感到很累，就歇息片刻再出发，用乐观的态度面对一切，就能发现处处皆美景。做人，不抱怨、多欣赏，才能将生活过得多姿多彩。

（6）不生气。别让怒火冲昏了头脑，别因一时生气而毁掉自己。很多时候，生气的一瞬间，不仅伤害他人，更会危害自己。一头骆驼在沙漠中行走，一粒石子硌到了脚，它勃然大怒，将这粒石子狠狠踢飞。不料，石子划破了它的脚掌，鲜血直流，血腥味引来了沙漠中的狼群，没过多久，骆驼就变成了一堆白骨。骆驼临死前万分懊悔：自己为何要跟这粒小小的石子去置气？

5. 保持感恩的心，就会大获成功

懂得感恩的人，内心是温润的、丰盈的。在生命的底色里，增一笔浓浓的感恩情愫，生活就能少一分苍白的麻木，多一束金色的光芒。

（1）感恩父母。在这个世界上，无论你成功失败，胖瘦美丑，永远有人在无条件地爱你，他们就是我们的父母。他们用深沉浓厚的爱，为我们遮风挡雨，为我们撑起一片爱的家园。对于他们的爱与付出，我们要懂得感恩。感恩他们包容我们的小脾气，谢谢他们尊重我们的事业和爱好，一旦我们心中充满感恩，也就形成了对财富的强大吸引力。

（2）感恩生命里的每一个朋友。人生是一场漫长的旅途，朋友的存在，让我们的生命有了欢愉，让我们创造财富的道路更宽阔。对于生命中出现的每一位朋友，都要心存感激。

（3）感恩生命中的每一位贵人。生命中的贵人，会让我们看得更高、走得更远，拥有更多的财富。迷茫困顿的时候，谢谢贵人指点迷津。在失意落魄的时候，更要感谢对方的信赖、鼓励和支持。

（4）感恩遇到的每一个陌生人。对于与你擦肩而过的陌生人，也要表示感谢，感谢他们带给我们的温暖。比如，公交车上主动为你让座的那个人，大雨滂沱时为你撑伞的那个人，深夜崩溃大哭时拍拍肩膀安慰、鼓励你的那个人。

（5）感恩那些曾经伤害过我们的人。抛弃你的人，会让你学会潇洒转身，好好爱自己；打击你的人，会让你变得更加清醒；欺骗你的人，会让你增长智慧。那些伤害你的人，会一点点地锤炼你的心境，让你变得越来越强大。让你在人生的道路上克服一个又一个困难，创造让人意想不到的财富。